少年的科创

石墨烯

神通广大的材料明星

黄 蔚 编著

U0395803

上海科学普及出版社

图书在版编目（CIP）数据

石墨烯：神通广大的材料明星 / 黄蔚编著. －上海：上海科学普及出版社，2019.8

（少年的科创）

ISBN 978－7－5427－7583－2

Ⅰ. ①石… Ⅱ. ①黄… Ⅲ. ①石墨－纳米材料－少年读物 Ⅳ. ① TB383-49

中国版本图书馆 CIP 数据核字（2019）第 151840 号

丛书策划　张建德
责任编辑　吕　岷

少年的科创
石墨烯
——神通广大的材料明星

黄　蔚　编著

上海科学普及出版社出版发行

（上海中山北路 832 号　邮政编码 200070）

http://www.pspsh.com

各地新华书店经销　上海昌鑫龙印务有限公司印刷

开本 889×1194　1/32　印张 3.875　字数 88 000

2019 年 8 月第 1 版　2019 年 8 月第 1 次印刷

ISBN 978－7－5427－7583－2　定价：22.00 元

前　言

　　2016年5月30日，习近平总书记在全国科技创新大会、两院院士大会、中国科协第九次全国代表大会上发表重要讲话时强调："我国要建设世界科技强国，关键是要建设一支规模宏大、结构合理、素质优良的创新人才队伍，激发各类人才创新活力和潜力。"科技是国家强盛之基，创新是民族进步之魂。

　　习近平总书记的重要讲话对于推动我国科学普及事业的发展，意义十分重大。培养大众的创新意识，让科技创新的理念根植人心，普遍提高公众的科学素养，尤其是提高青少年科学素养，显得尤为重要。《少年的科创》丛书出版的出发点就在于此。

《少年的科创》丛书介绍了我国重大科技创新领域的相关项目，所选取的科技创新题材具有中国乃至国际先进水平。读者对象定位于广大少年朋友，因此注重通俗易懂，以故事的形式，图文并茂地加以呈现。本丛书重点介绍了创新科技项目在我们日常生活中的应用，特别是给我们日常生活带来的变化和影响。期望本丛书的出版，有助于将"科创种子"播撒进少儿读者的心灵，为他们将来踏上"科技创新"之路做好铺路石，培养他们学科学、爱科学和探索新科技的兴趣，从而为"万众创新，大众创业"起到积极的推动作用。

　　本丛书由五册组成：《智能电网——无处不在的"电力界天网"》《3D 打印——造出万物的"魔法棒"》《干细胞——藏在身体里的器官宝库》《石墨烯——神通广大的材料明星》《人工智能——开启智能时代的聪明机器》。

目录

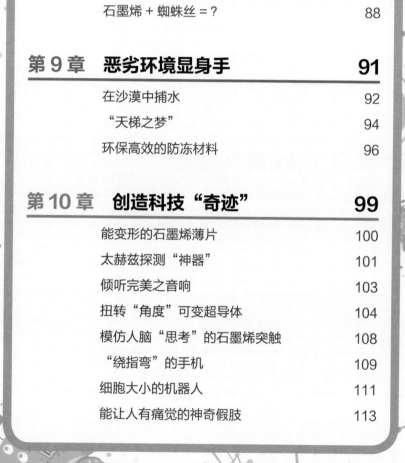

第1章

碳家族的一员

▶▶▶ 自从 2004 年科学家发现石墨烯之后，就一直受到世人的瞩目，因为在此之前，科学家认为，任何完美的二维晶体都无法在绝对零度以上的环境下存在。

石墨烯是什么 ·····························

石墨烯是一种由碳原子以 sp^2 杂化轨道组成六角形呈蜂巢晶格的二维碳纳米材料。

听起来太复杂了！其实，上面的那种说法，是严肃的学术性用语。说白了，石墨烯就是一层碳原子形成的晶体。

这一薄层的厚度很小，就是一个碳原子的厚度那样大。那么，碳原子多大呢？直径只有 0.335 纳米。1 纳米等于 1 米的 10 亿分之一，是人头发丝的万分之一。

想象一下，只有蝉翼千分之一薄的石墨烯，根本没有石墨那样金属般的光泽，也不像石墨那样黑黑的。相反，看上去，石墨烯是一层薄薄的、几乎完全透明的东西。可以说，石墨烯薄得你无法想象——可以覆盖几个足球场那么大的石墨烯，重量也不过 1 克而已。

你可别小看它，石墨烯是有史以来人类发现的强度最大的物质。如果把石墨烯制成 1 平方米的网，虽然这个网非常非常轻，不足 1 毫克，但是如果这时候有一只重约 1 千克的小猫跳上去，这个网也不会破。你说神奇不神奇？

　　自古以来，石墨烯就一直存在着。它就像是幽谷中一棵含苞待放的兰花，无人发现。直到 2004 年，英国曼彻斯特大学物理学家安德烈·盖姆和康斯坦丁·诺沃肖洛夫用微机械剥离法成功地将它从石墨中分离出来，才为世人所认识。

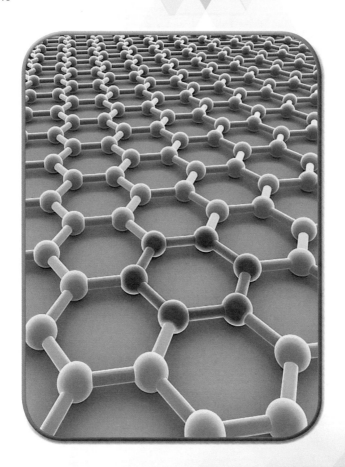

神奇之处在哪里 ⋯⋯⋯⋯⋯⋯⋯⋯

发现石墨烯的两位科学家，在 2010 年被授予诺贝尔物理学奖。此后的数年间，这种新型材料引发了科研人员极大的兴趣，石墨烯所带来的巨大应用潜力也让科学家将之后的年代称为"石墨烯时代"。

那么，石墨烯到底神奇在哪里呢？

石墨烯被称为"奇迹材料"，它有着良好的导热性、导电性，以及超大的硬度和柔韧性，很少有一种材质能同时兼顾这些特性。

目前，它是已知的世上最薄、最坚硬的纳米材料，美国化学学会称石墨烯的强度是钢铁的 200 倍。中国科学家曾合成石墨烯气凝胶，密度只有空气的 1/6。1 立方英寸（约 16.39 立方厘米）的石墨烯气凝胶放在一片草叶上，草叶都不会变形。

同时，它也是已知的世上电阻率最小的材料，常温下其电子迁移率要比硅晶体高很多，也就是说，石墨烯很容易导电。

针对石墨烯的这一系列特征，有人预言，石墨烯将会取代硅，在电子产业大展宏图。未来，石墨烯会催生出灵活多变的电子设备，譬如超动力的量子计算机、电子服装以及能与身体细胞交流的计算机。

 有趣的碳家族

石墨烯是由碳元素组成的，因此，它是碳家族中的一员。

碳，在我们周围很常见。我们呼吸的二氧化碳就是碳的化合物，而二氧化碳溶于水中，就是碳酸。

我们吃的食物中更是含有很多碳，组成蛋类、肉类的氨基酸就是碳的化合物。食用糖中也有碳，米饭所含的淀粉也是由碳组成的。坚硬无比的金刚石（即钻石），铅笔中的石墨，这些都是碳家族的成员。

说起钻石，地球上最大的一颗钻石来自南非卡利南矿场，于1907年献给英王爱德华七世祝寿，

是英国王室的加冕珠宝。这枚钻石在地表下极深处形成，大约在地底300千米深处，经过数十亿年的高温高压，才从纯碳巨岩变成钻石，之后由火山喷发带到地表。

事实上，每颗钻石都是一整块单晶。一颗钻石一般含有大约1000万亿亿个原子，排列组合成完美的金字塔结构。正是这个结构让钻石坚硬异常。

然而，钻石并不久远，至少在地表上无法达到永恒。它的同胞兄弟石墨其实性质更稳定，钻石最终都会变成石墨。

石墨的构造跟钻石完全不同，石墨是碳原子以六角形联结成的层状结晶，构造非常稳定坚固，碳原子间的键结强度也高过钻石。

石墨层内部的每一个碳原子，都与另外3个碳原子共享4个电子，而钻石内的碳原子则和另外4个碳原子共享电子。这使得石墨层的电子结构跟钻石不同，虽然化学键更强，但缺点就是层与层之间缺乏多余的电子形成稳固的联结，只能靠"范德华力"连接起来。

让我们进入微观世界，看看一些碳家族的新成员。不难看出，很多物质都是由石墨烯形成的。譬如，碳纳米管是由石墨烯卷成管状后形成的，富勒烯是石墨烯卷成球形成的，而石墨则是石墨烯一层层地叠加上去形成的。

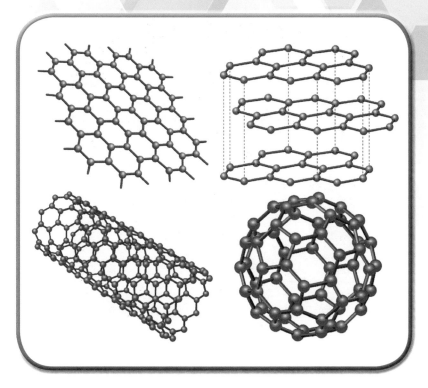

 "巴基球"是怎么来的 ……………

说到富勒烯，还有一个故事呢。

1996 年的诺贝尔化学奖，被授予美国赖斯大学的罗伯特·柯尔、理查德·斯莫利和英国的哈罗德·克罗托三人，以表彰他们在 1985 年发现了碳的特殊球状结构。

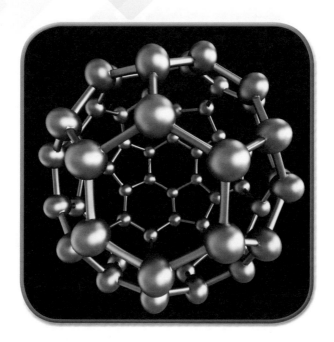

这三个人在氦气中气化了石墨，产生碳原子束，获得了一些含 40~100 个以上偶数碳原子形成的物质。

这是一种什么样的物质呢？

当时，他们都觉得这个物质的结构非常特殊，但一时还想象不出那是一种什么样的结构。

正在百思不得其解时，克罗托偶然看到了一个外观奇特的球形建筑物。这是 1967 年在加拿大蒙特利尔召开的世界博览会上，建筑师巴克敏斯特·富勒为美国设计的一个外观奇特的球形建筑物，用六边形和少量五边形创造出"弯曲"的表面。

　　18年后，这个奇怪的建筑竟然为碳纳米家族的结构研究提供了启示。克罗托获得了灵感：这个含有60个碳原子的立体结构，包含有12个五边形和20个六边形，多边形的每个角上都有一个碳原子，这样的结构和眼前的那幢球形建筑非常相似。

　　于是，三位研究者将这个物质命名为"富勒烯"。因其形状又酷似足球，所以也称它为"巴基球"。

　　这些碳球是石墨在惰性气体中蒸发时形成的，它们通常含有60个或70个碳原子，而这种立体结构非常稳定。

　　围绕这些球，一门新型的碳纳米物理学和化学得到了发展。化学家在新型碳球中嵌入金属和稀有惰性气体，就能制成各种新材料。

 绝对零度

　　绝对零度是热力学的最低温度，是粒子动能低到量子力学最低点时物质的温度。热力学温标的单位是开尔文（K），绝对零度就是开尔文温度标定义的零点，等于 $-273.15℃$。

第2章

发现石墨烯的功臣

▶▶▶ 说起石墨烯的发现，有必要谈谈发现石墨烯的功臣之一——安德烈·盖姆。让我们来看看，盖姆究竟是怎样一位学者？石墨烯又是如何被发现的呢？

获得搞笑诺贝尔奖 ·······················

1958 年 10 月，安德烈·盖姆出生于苏联西南部城市索契，他的父母是德国人。

1987 年盖姆获得物理学博士学位后，便进入俄罗斯科学院，开始了科学研究。

一个偶然的机会，盖姆来到荷兰一所大学，当了一名副教授。在那里，他的创新欲望渐渐苏醒了，并且势不可挡。

他所在的实验室中，有一台能产生 20 特斯拉（T）磁场的仪器，这几乎是世界上最强的磁场了……怎么形容呢，就是比我们日常见到电磁铁的磁性强几十、上百倍。

有意思的是，进入磁场的所有物质都会有抗磁性，也就是抗拒被磁场磁化的特性。只不过有些物质的"顺磁性"太强，如磁铁，将抗磁性掩盖了，从而表现出磁性。

盖姆的奇思妙想极大地迸发出来了。他想，往磁场中倒些水，会发生什么呢……

于是，秘密就这样被盖姆发现了。一滴浑圆的水滴，像失去了重力一样悬浮在磁场中。

接着，盖姆又开始了新的幻想：生物体内绝大多数都是水分，如果扔一只动物到磁场里，这个家伙会有哪些惊人的表现呢？

好奇心十足的盖姆把一些活的动物，扔进那个威力巨大的强磁场中。其中，最搞笑的是一只青蛙。

青蛙被放到磁场中，它体内的每个原子都像一个小磁针，外界磁场对这些小磁针作用的结果产生了向上的力，就这样，青蛙

悬在了空中。这只倒霉的青蛙，为盖姆赢得了 2000 年的"搞笑诺贝尔物理学"奖。

发明壁虎胶带 ‧‧‧‧‧‧‧‧‧‧‧‧‧‧‧‧‧‧‧‧‧‧‧

过了不久，盖姆又发明了一种神奇的胶带。

电影《谍中谍4》中，阿汤哥曾戴着一副"壁虎手套"，顺着玻璃墙，徒手攀爬世界第一高楼——哈利法塔。

那时，壁虎手套还没发明出来。不过在自然界，壁虎的本领倒真的让人类垂涎三尺。

壁虎为什么有如此神奇的本领？原来，秘密就在壁虎的脚掌上。

2000 年，美国科学家用电子显微镜放大观察壁虎的脚掌，发现壁虎的脚掌充满了无数小的毛状物体。由于这些物体比较硬，又称为"刚毛"。那些看似小钩子一样的刚毛末端，实际上是开叉的，每根刚毛都分成了 100~1000 根更细的绒毛。

这些绒毛如此之小，以至于整体的表面积大大提高，极大地增加了壁虎脚掌的表面积。如此说来，壁虎其实依靠的是刚毛上的小绒毛和墙壁产生的范德华力——也就是说，是它脚掌上的分子与墙壁分子间产生的力！

分子之间的范德华力非常小，生活中我们一般不会感觉到它的存在。但是，亿万根这样的绒毛就能产生巨大的吸引力。于是，壁虎可以轻松地爬上任何物体表面。

盖姆对壁虎产生了极大的兴趣，他想试试能否做出像壁虎脚掌一样的胶带。

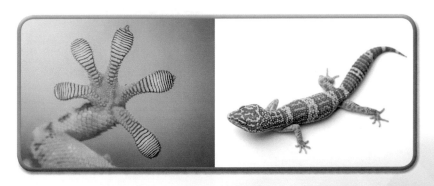

于是，他模拟壁虎脚掌的结构，在一种高分子材料（聚酰亚胺）上进行刻蚀，制造出单个微突起直径500纳米、高2微米、以间隔1.6微米周期性排列的表面，这就是"壁虎胶带"。如果要把一个人粘在墙上，用一张A4纸大小的胶带就足够了。

"撕扯"出来的惊人发现

盖姆早就知道石墨是一种与众不同的物质。石墨的晶体结构是层状的，靠微弱的范德华力把相邻的两层贴合在一起。而单个石墨层，则是碳原子与碳原子相互连接形成正六边形，并延伸成一张无限大的原子网。这张网上的原子连接得如此结实，以至于这张网比钻石还硬。

有人预言，单层的石墨可能会具有非常好的物理性质。但如何把石墨不断地磨薄，薄到只有一个原子的厚度，那会有什么样的惊人事情发生呢？盖姆非常好奇。

一天，盖姆把一块石墨递给一个研究生："去，把它磨到只剩几个原子那样薄！"

研究生当时就晕了——铁杵磨成针已是厉害之极，你居然让我磨成原子大小？于是他天天辛苦地磨石墨，几个月后，磨到实在磨不下去了，可拿来一测量，还有几千个原子层厚，他绝望了，撒手不干了……

此路明显行不通了，盖姆只好另寻他途。正巧，他看到一名学生用透明胶带贴在石墨表面，一问之下，才知道胶带可以把表面一层脏的石墨撕下来，再用干净的表面来磨。

瞬间，盖姆的脑洞开了。他把撕后的胶带放到显微镜下观察，发现胶带上的石墨厚度比那个研究生辛苦磨出来的石墨片薄多了，有些甚至只有几十个原子层厚。

撕下来！

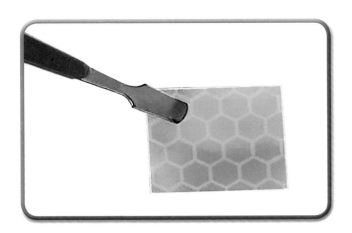

就这样，盖姆反复用透明胶带粘在石墨上，然后一遍又一遍地撕胶带，直到胶带上的石墨越来越薄，直至一个原子

的厚度，也就是获得了单层的石墨，这就是——石墨烯。

盖姆和那名研究生因此获得了 2010 年诺贝尔物理学奖。这一次，可是货真价实的诺贝尔奖。

 ## 在家里，如何制作石墨烯

许多人想在家里制作石墨烯。如果采用下面的方法，你就可以制造出少量的石墨烯来！

首先，用铅笔在纸上沉积厚厚的石墨层。然后用普通的胶带从纸上剥离一层石墨。使用另一块胶带从第一块胶带上去除一层石墨。然后，使用第三块未使用的胶带从第二块胶带上除去一层石墨，以此类推。

于是，石墨层将变得越来越薄，并最终形成或单层，或双层，或几层的石墨。

这种方法需要耐心和时间，2004 年盖姆研究团队正是使用这种粗暴简单的制作方法，制造出第一块石墨烯。

第3章
能源"魔法师"

▶▶▶ 在能源科学领域里，石墨烯正扮演着越来越重要的角色：它能改善锂电池的电极；将石墨烯加到太阳能电池板上，这样电池板下雨天也能发电了；它还能充当储存氢气的"保险箱"，使储存氢气变得安全可靠。

电池的新衣 ·······················

锂离子电池是伴随着金属锂电池发展起来的，与传统的化学电源相比，锂离子电池具有工作电压高、比能量高、自放电率循环性能好、无记忆效应、不污染环境等优点。

石墨烯在锂离子电池中到底能发挥什么样的作用呢？让我们先从锂离子电池的结构说起。

锂离子电池主要由正极、负极、电解质及隔膜组成。它主要是依靠锂离子在正极、负极之间的来回移动来实现反复充放电。而石墨烯具有独特的单片层结构，同时它有非常高的导电率，将其应用于锂离子电池负极材料中，可以大幅度提高负极材料的电容量和大倍率充放电性能。

于是，科学家研制出具有石墨烯电极材料的锂离子电池。研究人员发现，采用石墨烯聚合物电极材料的电池，储电量提高了 2 倍，而充电用时却不到 8 分钟，用此电池驱动的电动车可连续行驶 1000 千米。此消息一出，在锂电界引起了很大的反响。

中国科学家采用石墨烯基复合电极材料，开发出容量可控的锂离子电容器。新型锂离子电容器仅需 3~5 分钟即可充满原来需充电 10 个小时的电动自行车。你说神奇不神奇?

下雨也能发电

提到太阳能电池,许多人可能会联想到火辣辣的太阳,殊不知有些太阳能电池在雨天也能发电。不久前,中国科学家研发出一款新型的太阳能电池板。这款太阳能电池板无论是晴天还是雨天都能发电,为什么会如此神奇呢? 这是因为电池板里有石墨烯。

天晴时,电池板利用太阳能转化成电能的原理进行发

电，而到了下雨时就会自动转换成石墨烯发电。

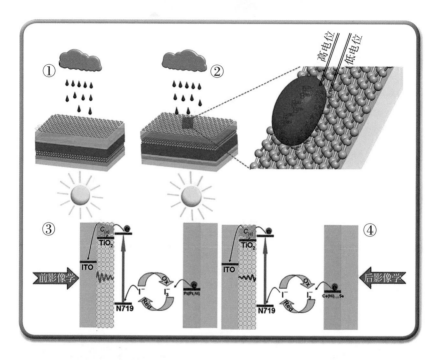

  雨水中含有能分离成正负离子的盐分，其中正离子有钠、钙、铵等离子。当雨水落在覆盖有石墨烯薄膜的电池板上时，雨水中的钠离子、钙离子和铵离子，被吸附到石墨烯的表面，这层带正电的离子层会与石墨烯带负电的电子相互作用结合，形成一个电子和正电荷离子组成的类似电容的双层结构。这两层结构之间的电位差大到一定程度，就能产生电压和电流。

  目前，石墨烯太阳能电池的转换率已经达到 10%。另外，在空气污染严重的地区，由于雨中含有更多的高浓度离子，其发电效率也会随之提高。其实，这块电池板不仅在雨天，连雾霾天都能发电。

蓝藻 "骑在" 仿生蘑菇上发电……

蓝藻怎么会骑到蘑菇上的，而且还会发电？

这可是真实的事情！美国研究人员开发出能用石墨烯发电的仿生蘑菇。他们在蘑菇的帽子上添加了 3D 打印的蓝藻，使其具有发电能力。这不就是蓝藻骑在蘑菇头上了吗！

蓝藻的惊人生产能力在生物工程界广为人知。然而，研究人员一直局限在生物工程系统中使用这些微生物，因为蓝藻在人工材料的表面不能存活很久。

研究人员把蓝藻细胞放在蘑菇上，由于这些蘑菇具有一种合适的环境基质，能维持蓝藻生长发育。

为了开发仿生蘑菇，研究人员用 3D 打印机打印含有石墨烯纳米带的"电子墨水"。这种印刷的分支网络，通过充当蘑菇帽顶部的像纳米探针一样的电力收集网络，以获取蓝藻细胞内部产生的电子。这些石墨烯纳米带与蓝藻细胞的外膜形成了大量的连接点，很像一根根针插入蓝藻细胞中，以获取电信号。

接下来，他们将含有蓝藻细胞的"生物墨水"以螺旋图案印刷到蘑菇帽上，螺旋图案在多个接触点处与电子墨水相交。在这些位置，电子可以通过蓝藻细胞的外膜转移到石墨烯纳米带的导电网络。太阳光照在蘑菇上，就会激活上面的蓝藻进行光合作用，并由此产生了电流。

可以想象，下一代生物混合应用具有非常巨大的机会，譬如，一些细菌可以发光，而其他细菌可以发电等。通过将这些微生物与纳米材料无缝地整合，我们可以在环境、国防、医疗保健和许多其他领域，进行科技创新，设计出许多令人惊叹的生物混合物。

 "三明治"制氢 ·······················

氢气含能高，除核燃料外，氢的发热值是所有燃料中最高的，是汽油的 3 倍。而且，氢气是一种清洁能源，燃烧产物是水，无污染，且可以循环使用。

但是，氢气与氧气混合极易发生反应，很容易引发爆炸，十分危险。现在常用的储氢方式，是高压和液化的方法，就是把氢气加压和冷却，使它变成液体。不过，这样做存在极大的安全隐患，而且成本也非常高。

科学家发现，石墨烯能隔绝所有气体和液体的分子，却对质子能够"网开一面"。于是，中国科学家设计出了一种由石墨烯形成的三明治结构。石墨烯"三明治"捕获太阳能分解水制造出氢气的四个步骤如下图所示。

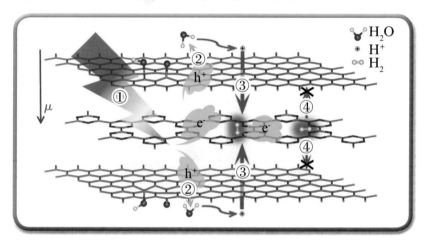

这种"夹心"的三明治结构可以同时吸收紫外光和可见光，利用源源不断的太阳光，产生正负电荷。带有能量的正负电荷将迅速分离，并分别跑到外层石墨烯和碳氮夹心层，充分地施展出各自的能力。

当水分子遇见了外层的正电荷后，反应的"火花"产生了，水分子发生分解，产生质子。这些质子并不安分，它们受夹心层碳氮上的负电荷召唤，穿透石墨烯材料，运动到内部的碳氮材料上，与早早等待它们的电子发生反应产生氢气。

由于石墨烯仅仅对质子有"偏爱",光解水产生的氢气无法穿透石墨烯材料,只能安稳地待在"三明治"复合体系内。同时,石墨烯的这种"偏爱"也使得氧原子、氧气分子及羟基等无法进入复合体系,抑制了氧与氢重新变为水的反应发生,这就实现了安全储氢。下图太阳能驱动生成的氢气分子被石墨烯材料巧妙安全封装的示意图。

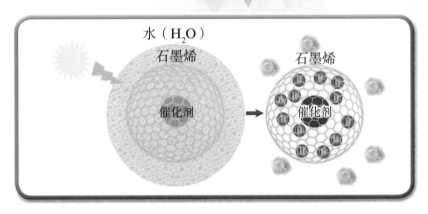

　　这个三明治复合体系为实现太阳能转换成氢能以及氢能的应用,解决了最困难的氢气分离和安全存储运输等问题,为再次启动"氢能经济时代"打开了大门。

 即充即走不是梦 ••••••••••••••••••

　　"充电 7 秒钟,行驶 35 千米。"这不是一句广告语,而是我国中科院研究人员研制出的石墨烯基锂电池具有的优异储能特性的生动写照。

科学家发现，锂离子在石墨烯表面和电极之间，能够非常快速地穿梭移动。速度很重要，因为锂离子电池的充放电速度，取决于锂离子在电极中穿梭"游泳"的快慢。

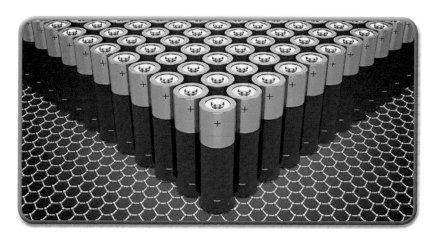

据统计，通过加入石墨烯，可使电子的运动速度达到光速的 1/300，远远超过了电子在一般导体中的运动速度。这样不仅可以带来高效迁移，更减少了能量损耗，超强的导电性可有效改善传统电池充电时间长、动力不足等突出问题。

长期以来，电池的"续航能力"是个"老大难"问题。现有的快充技术普遍采用增大电压方式实现，这样，极易导致电池过热，有可能引发电池的自燃和爆炸。

如今，石墨烯将成为"超级电池"这个梦想的"圆梦人"。石墨烯基锂电池是在传统锂电池的电极材料中添加石墨烯的一种新型电池,具有充电速度更快、容量更大、寿命更长等突出优势。在此之前,我国就成功研制出石墨烯基锂离子电池"烯王",可经受住 –30~80℃的"严寒酷暑"考验,充电效率更是普通电池的 24 倍。

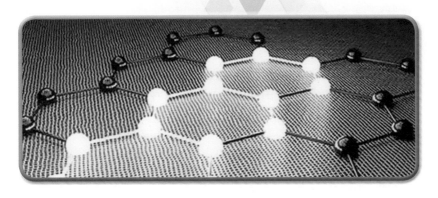

一旦采用了石墨烯基锂电池驱动,未来的新能源汽车续航能力将达到 500 千米,使驾驶电动车的司机再不会为"电量不足"而烦恼。

 透光的"储能利器" ················

美国科学家近日开发出一种柔性透明的石墨烯太阳能电池。它可以被安装于各类物质表面上,从玻璃到塑料,连纸张和磁带也可以。

当煤和天然气逐渐从能源舞台上退出时，太阳能电池越来越普及了。人们发现，高楼大厦林立的城市，一天之中阳光照在平地和低矮房屋屋顶的时间变得很短。常见的太阳能电池板已无法满足需求，人们急切需要像玻璃一样透明、能安装在更多场合或建筑侧面的电池板材料。

在可见光范围类，石墨烯设备的光透射率可达 61%。而石墨烯太阳能电池的能量转换效率在 2.8%~4.1%。然而，用石墨烯制造太阳能电池的一个挑战在于，当两个电极粘在一起时，需要确保太阳能板衬底上的电子只从一个石墨烯层中流出。若在粘贴时，使用热融化或胶水的方式，都会损坏材料并降低材料的导电性。

因此，科学家开发出一种新技术来解决这个问题。他们没有在石墨烯与载体之间涂任何黏合剂，而是喷上了一层薄薄的乙烯基醋酸乙烯酯，它能像胶带那样，将两者绑在一起。

为弄清石墨烯太阳能电池到底效果如何，研究者将其与由铝和铟锡氧化物（ITO）等标准材料制成的电池相对比，这些材料都以刚性玻璃和柔性衬底为基础制造。结果表明，石墨烯太阳能电池的功率转换效率虽远低于普通太阳能电池板，但要比以前研发的透明太阳能电池要好得多。显然，这是科研上的一个积极进步。

可穿戴的柔性电池

能像毛线一样编织，能像纸板一样对折，也能像皮肤一样紧紧贴在身上，这样轻便柔韧的材料居然是电池。容量达到600毫安时/克以上，循环寿命超过1000次，500次以上的弯折也不影响其性能……近日，中国科学家在高容量柔性电池方面取得了新进展。

能否设计一种能弯曲的、可穿戴的新型电池呢？

科学家利用碳纳米管、石墨烯和无机纳米纤维等材料

的高柔韧性和导电性，用来充当储能电极材料的优秀柔性
"骨架"。终于，经过巧妙的结构设计，坚固厚重的电池
逐渐变成了柔软、可弯曲的模样。

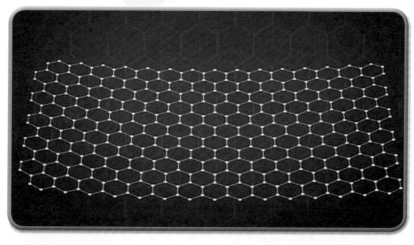

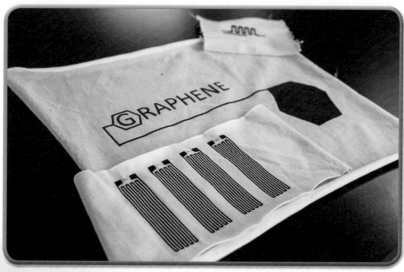

这些新型电池的光电转换效率达到 9.5%，可以弯折、缠绕、打结，能够实现仅需 7 秒钟的快速充电……新型电池由于组装了可弯折、可编织的柔性线状太阳能电池和光充电能量纤维，能在光照下快速自发地充电。

想象一下吧，未来穿上可以提供电能、发光发热的衣服，冬天不再冷冰冰的了。警示服、腕表、射频卡片……柔性电池可以做到让能源随身携带。除了民用，柔性电池也能满足未来信息化作战的能源供应需要。

此外，在现代化的单兵特种作战装备中，士兵的负荷中有 1/3 的重量来自电池，而且现有的电池系统只能续航 72 小时。开发质量体积小、续航时间长、输出功率大、

安全性高、更适合穿戴的新电池系统，在满足信息化作战、无人机、水下航行器等国防应用方面具有特别重要的意义。

第4章

环保的"天使"

▶▶▶ 由于石墨烯有着与众不同的物理化学特性，故而能够净化水和空气，使得被污染的水和空气变得洁净如初。而且，石墨烯还可添加到杀虫剂里，高效地杀灭害虫。故此，人们称它为环保的"天使"。

防霾口罩 ·····························

进入冬季，雾霾发生的概率也大大增加，在户外就更需要一款能阻隔雾霾的有效神器——石墨烯口罩。

石墨烯口罩由石墨烯制成的纳米过滤层，实现了 5 层高效过滤。石墨烯滤材过滤层，内部结构宛若一个迷宫，空气中的颗粒物即使通过了口罩的第一层，也会在以后的几层中"迷路"。同时，作为"迷宫"壁的功能化石墨烯材料表面，会将这些入侵颗粒牢牢吸附住，对 PM2.5 的去除率高达 99.1%。

口罩表面为压花透气面料，内里分别为超细纤维面料、驻极熔喷布滤棉和舒适的无纺布贴面层。口罩外部有冷流呼吸阀，吸气时密闭，呼气时开启，透气性非常强，所以可保证佩戴口罩时呼吸畅通。

海上石油的收集器 ·····················

海上原油的泄漏，不仅会造成巨大的经济损失，更给生态环境带来灾难性的破坏。

有石墨烯帮忙，一切都能搞定！

中国科学家设计并研制出可快速降低水面上原油黏度的石墨烯海绵，以及能连续收集泄漏原油的收集装置，大幅提高了对海面泄漏原油的吸附速度。

人们发现，一般的海绵仅能吸附低黏度原油，而对水面原油泄漏的清理回收非常困难。而海上的油轮发生泄漏后，短短几小时内，黏度就会增加数百倍以上，这就很难吸附。

科学家在海绵表面，均匀地包裹上石墨烯涂层，不仅能导电，还具有疏水亲油的特性。

在这种海绵上施加电压后，产生的焦耳热会迅速增加与其接触原油的温度，有效地降低了与之接触原油的黏度，从而有利于海绵吸收海面上的高黏度原油。

海水变甘泉 ••••••••••••••••••••••

海水淡化是人类千百年的梦想，虽然已有各种海水淡化，但受技术和成本制约仍未得到广泛应用。专家预言，随着生态环境的恶化，人类解决水荒的最后途径，很可能是将海水进行淡化。

石墨烯因其独特的二维结构，是构筑高性能分离膜的理想材料，但由于现有技术手段难以将氧化石墨烯膜的层间距精确控制在 0.1 纳米，再加上石墨烯膜在水溶液中会发生溶胀，使得其分离性能严重衰减，所以，石墨烯用于离子筛分和海水淡化仍面临着巨大挑战。

石墨烯过滤器比其他海水淡化技术使用更广泛。水环境中的氧化石墨烯薄膜与水亲密接触后，可形成约 0.9 纳米宽的通道，小于这一尺寸的离子或分子可以快速通过。通过机械手段进一步压缩石墨烯薄膜中的毛细通道尺寸，控制孔径大小，就能高效地过滤海水中的盐分。

中国科学家金万勤教授和他的团队，在石墨烯膜淡化海水的研究上获得突破性进展。他们设计制备了通过水合离子精密调控层间距的叠层（氧化）石墨烯膜，实现了盐

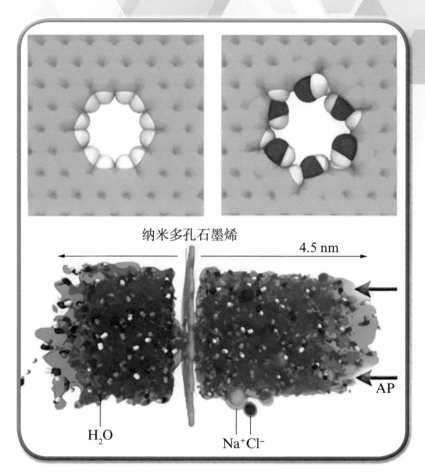

纳米多孔石墨烯

4.5 nm

AP

H_2O

Na^+Cl^-

溶液中水分子与不同离子的精确筛分。

　　对于具有最小水合直径的钾离子，科研人员采用经过钾离子溶液浸泡的石墨烯膜阻止水合钾离子进入，有效截留盐溶液中包括钾离子本身在内的所有离子，同时还能让水分子快速透过，这样就实现了海水的淡化。

化污水为净水

刘屋荷塘是广东省东莞附近的一口景观塘，水体黑臭曾让周围的村民苦不堪言。不过，如今发生了转变：11道网格的铺设让池塘的水质开始好转——鱼虾重新出现，黑臭基本消除。

来到刘屋荷塘，只见池塘里铺着很多"编织网"，为防止"编织网"沉底，上面还绑了很多红色的浮标。池塘水体已不再浑浊，部分近岸水域已清到可以看见底部的沙石，原来河水的臭味也消失了，不少儿童正在池塘岸边捕鱼捞虾。

那些铺在荷塘上的编织网，就是石墨烯光催化网。

这一张张网是如何把污水变为净水的呢？据介绍，这

>>

种方法是利用可见光恢复水体自净化能力,自然光为唯一动力源,无需投加化学试剂或生物菌种。

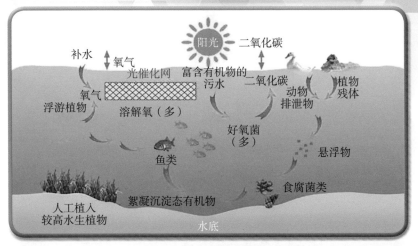

现在,刘屋荷塘每周都会进行 1~2 次水质检测。最开始的报告显示水为灰墨色、微臭、多漂浮物,而最近的检

测报告则显示水质无色无味，少漂浮物。其中透明度实现倍增，由原来的 20 厘米成 40.6 厘米，水质总磷含量由原来的 1.70 降为 0.22，已经达到了小于 0.4 的标准。

石墨烯光催化网治污原理是什么呢？

其实，这种网是由超细聚丙烯丝绳编织而成的，再采用特殊工艺涂覆多层特殊材料。它可对水体中有毒有机物进行分解，除臭，增加水体含氧量。

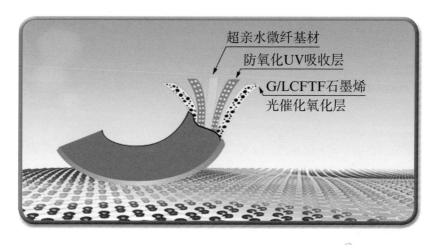

超亲水微纤基材
防氧化UV吸收层
G/LCFTF石墨烯
光催化氧化层

 为杀虫剂增效 ·····························

近日，中国科学家创新性地将氧化石墨烯作为农药的增效剂，显著地提高了农药的生物活性。

氧化石墨烯是一种碳基纳米材料，已应用在医学、环境科学等领域。不过，在植物保护领域的应用还非常少见。

　　该研究选取对农业生产危害较为严重的鳞翅目昆虫亚洲玉米螟，作为模式昆虫，用吡虫啉、高效氯氰菊酯等代表性农药喷洒，详细地探究了氧化石墨烯对农药的增效作用。

　　通过静电作用将几种农药负载到氧化石墨烯上形成农药复合物，这样就可有效地提高农药对亚洲玉米螟的生物活性。

　　氧化石墨烯对农药的增效机制分为三种，一是氧化石墨烯尖锐的片层结构可机械地损伤昆虫的体壁，造成昆虫迅速失水；二是损伤的体壁为农药对昆虫体壁的穿透提供新的通道；三是吸附了农药的氧化石墨烯可沉积到玉米螟的体壁上，提高了农药的利用率。

第5章

诊疗圣手

▶▶▶ 你可能不会想到，石墨烯还能治病救人！用石墨烯制成人工喉，聋哑人戴上它就能开口说话；石墨烯能杀死病菌，并将药物准确地运输到患者的病灶处；石墨烯还是抗癌"战神"呢！所以，人们称它为"诊疗圣手"。

人工喉 ······················

科学家在研究石墨烯时发现它有三种功能：感知声音、发出声音及具有柔性，所以，有可能造出"收发一体"的集成声学器件。简单地说，用石墨烯可以制成能发出声音的"人工喉"。

用石墨烯制成的"人工喉"可以检测到人喉咙的振动行为，包括低吟、尖叫等，不同人的喉咙振动会产生不同的阻值变化响应。处理电路会对阻值变化进行分析，判断喉咙振动属于哪一种模式，并针对性地发出相应频率的声音。

例如，聋哑人发出的高音、低音和拖长音三种"啊"，分别对应了 15 千赫兹高音量、10 千赫兹和 5 千赫兹低音量单频率声音。当聋哑人发出其中一个"啊"时，电路会根据音量的大小判断聋哑人发出了哪种"啊"。例如，检测到聋哑人发出的是拖长音"啊"，"人工喉"便发出一个 5 千赫兹的单频率声音，从而实现无含义的"啊"转变成频率、强度可控的声音。

科学家把这些单频率声音替换为提前录制好的声音，

比如"你好"等，就可以在聋哑人发出一个"啊"时，"人工喉"相应地自动发出"你好"。

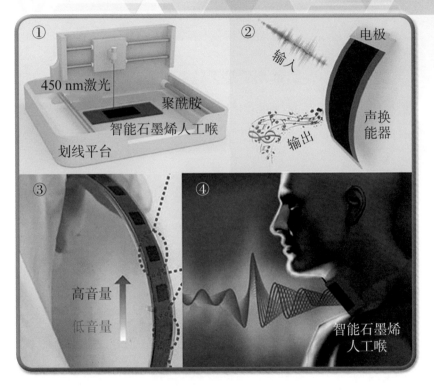

"人工喉"除了能"解码"不同聋哑人的"语言"，还能够实现音节和音调的排列组合，不仅让聋哑人"说话"成为可能，还能让聋哑人"说"出更丰富的语句。

未来，"人工喉"有两种应用形式，一是将其嵌入人体里；二是在人体外部以可穿戴式的形态出现，如做成像透明膏药贴在嗓子部位。

抗菌新武器

自然界中，细菌几乎是无处不在的。在绝大部分的时间里，细菌和人类还能和平共处，相安无事。不过，一旦平衡打破了，细菌也会发飙。肆虐的细菌将严重威胁人类的健康，甚至致人死亡。

科学家发现石墨烯能够抗菌。大家知道，石墨烯是世界上已知的最薄、最硬的材料，形似一把锋利的刀片，可以将各种细菌（如大肠杆菌、金黄色葡萄球菌等）"斩杀"于刀下。

那么，石墨烯是如何杀死细菌的呢？

科学家发现，石墨烯可以破坏细菌的细胞膜，从而导致胞内物质外流并杀死细菌。由于这是一种潜在的没有耐药性的物理"抗生素"，该研究发表后立即引起了科技界的广泛兴趣。

科学家进一步微观研究后发现，石墨烯能将细胞膜上的磷脂分子抽取掉，破坏细胞膜。

此外，物理生物学室则通过电镜实验发现，石墨烯还可以通过对细菌细胞膜的插入进行切割，来破坏细胞膜，从而杀死细菌。

>>>>>>>>>>>>>>>>>>>>>>>>>>>>>>>>>>>>

科学家们指出，正是石墨烯独特的二维结构，使其可以与细菌细胞膜上的磷脂分子发生超强的相互作用，从而导致大量磷脂分子脱离细胞膜，并吸附到石墨烯的表面。

 药物运输车 ·····················

吃入口中的药物，好像一支利箭，由体内的血液输送到病灶处，并精准地射入病灶，发挥其药效。然而，在实际的治疗中，药物往往运输不到病灶处，它们不是被体内其他组织细胞破坏，就是自行分解掉。因此，能够运输到病灶处的药物少得可怜，这就是我们平常所说的没有疗效。

怎么才能让药物准确而又不损耗地运抵病灶呢？

聪明的科学家想出一个办法，就是为药物增加一个兼具保护和定位功能的伴侣。这个伴侣像保镖似的，陪伴在药物的身边，使它不受伤害。

什么样的伴侣才有这样的本领呢？

科学家发现，石墨烯是一种新型的纳米运输车，可以高效地装载各种药物分子。那么，这辆石墨烯运输车是怎么来运输药物的呢？

主要有两种方法：一是直接吸附，装载药物；二是通过表面和边缘修饰的羧基、羟基和环氧基等挂钩，钩住药物。

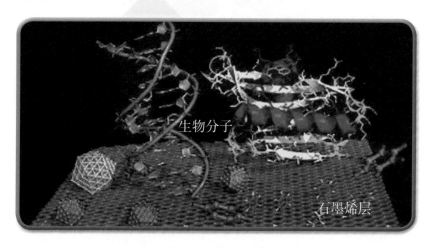

生物分子

石墨烯层

现在，石墨烯装载最多的药物是抗癌药物。研究人员在石墨烯运输车上同时装载抗癌药物阿霉素、喜树碱及导航分子叶酸，用来抑制和杀灭癌细胞。

 癌症诊断师 ·······························

现在，科研人员已经将石墨烯应用到了癌症检测当中。

美国研究人员将石墨烯材料与大脑细胞接触，由于正常细胞与癌变细胞的活跃程度不同，因此，他们可以轻易地将一个个活跃程度更高的癌细胞与正常细胞区分开。这

>>>

种方法为早期癌症的无损检测与诊断，开辟了一种更加简单的方式。

当细胞与石墨烯接触时，在细胞活跃性的影响下，石墨烯表面的电荷被重新排布，经拉曼质谱仪检测，我们就可以发现：石墨烯的原子震动情况发生了变化。

石墨烯晶格中的原子震动情况，会因与正常细胞或者癌变细胞的接触发生相应不同程度的变化。

原来，癌细胞比正常细胞的活跃程度更高，因此与癌细胞接触的石墨烯表面会导致负电荷的活跃程度更高，并释放出更多的质子。

细胞周围存在的电场会推动石墨烯电子云中的电子发生移动，从而，改变了碳原子的震动能量。震动能量发生的变化可以通过 300 纳米分辨率的拉曼成像仪的扫描清楚地观察到。通过高分辨率的扫描图像，我们还可以清楚地刻画出单个细胞的活动情况。

抗肿瘤战神

恶性肿瘤是威胁人类生命的主要疾病之一。化疗和放疗是当前治疗癌症的主要手段。这两种技术都是采用敌我通杀的策略，既杀死了肿瘤细胞，也杀死健康细胞。

那么，能不能只将癌细胞杀死，而不损坏正常的细胞呢？

能！不过，需要石墨烯来帮忙。科学家设想，将石墨烯聚集到癌细胞部位，然后，再把石墨烯加热，让它杀死癌细胞。这个就叫光热疗。

光热疗的具体手段，就是提高肿瘤细胞周围环境的温度，设法"热死"肿瘤细胞。光热治疗所采用的光，一般是780~1100纳米的近红外线，可以穿过人体而不损伤人体。

在光热治疗中，将光转化为热的物体称为光敏材料。当它们接受光照后，就会迅速升温。石墨烯就是一种能够将光转化为热的光敏材料。

科学家将装载了追踪器（即荧光分子）和潜水设备（聚乙二醇，协助石墨烯悬浮于水中）的石墨烯，通过尾静脉血管注射到移植皮肤瘤的小鼠体内。

追踪器显示，石墨烯经过小鼠的循环系统，集聚在皮肤瘤部位。于是，科学家运用功率2瓦/厘米的红外线对小鼠进行局部热疗，皮肤瘤部位的温度上升约50℃，从而杀死了肿瘤细胞。

"种植"细胞的支架 ···················

阿尔茨海默症（痴呆症）、帕金森病、脑胶质瘤……在科技发达的今天，人类对脑部疾病依然束手无策。

近日，由中国、意大利、美国学者组成的研究团队，最新研发出一种三维石墨烯—碳纳米管复合网络支架。这种生物支架能很好地模拟大脑神经网络结构，未来，将可用于药物筛选或植入大脑帮助治疗脑部疾病。

科学家用石墨烯模拟大脑内部四通八达的三维框架，把体内正常的神经干细胞移植到细小的碳纳米管中，增殖和定向分化神经元细胞，从而构建出一个"互联互通"的人造神经网络。

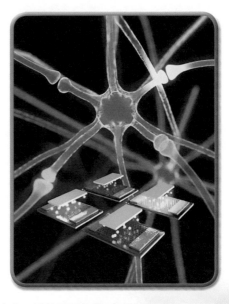

科研人员发现，相比在二维的培养皿中观察、培养神经细胞，三维支架更接近脑部实际环境。而与

现有的胶原支架、水凝胶支架相比，碳神经支架最大的优势在于导电性，可通过电刺激实现神经干细胞的定向分化，分化效率可提高 20% 左右。

研究中，科学家将脑胶质瘤细胞"种植"在构建的大脑皮层模型中，结合先进的成像和分析技术，就能清晰看到肿瘤细胞的发展进程。此外，他们还构建了药物模型，以观察不同抗癌药物对肿瘤的抑制效果。

这种支架需要 1~2 年可在体内降解代谢，未来有可能移植到大脑。

针对阿尔茨海默症、帕金森病等多种神经退行性疾病的治疗，医学界已经提出移植神经干细胞的构想。三维碳神经支架将是很好的载体，它能帮助医生将神经干细胞精准放置到病变地点，并帮助其增殖、分化，以实现干细胞替代治疗的目的。

人造视网膜 ·····································

如果一个人的视网膜出现了问题，就不能将图像转化为大脑能够解释的脉冲，那么他就看不见东西。

当前，数以百万计的人患有视网膜疾病，该疾病导致视力低下。为了帮助这些患者再次恢复视力，研究人员已经开发出了一种新型的人工视网膜，它位于眼睛后方的感光细胞层，负责将图像转化成为大脑能够解释的脉冲，这种视网膜运用了石墨烯做材料。

石墨烯具有许多的独特性能，可能是构建更好人工视网膜的关键材料。来自美国德克萨斯大学和韩国首尔国立大学的研究人员利用石墨烯、二硫化钼、黄金、氧化铝和硝酸硅的组合，构造了一种全新的人工视网膜。经过实验，研究人员确定人造视网膜能模拟人眼的功能。

未来，研究人员对含有石墨烯的人造视网膜进行更深入的研究，最终可能会在石墨烯这一超级材料的功能列表中增加一项超级功能——恢复视力受损者的视力。

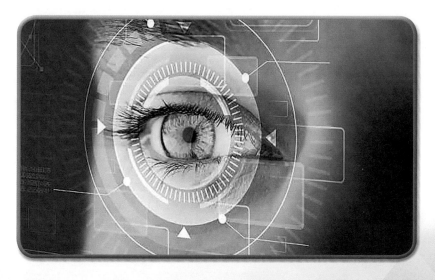

无痛血糖监测

英国科学家设计并构筑了一种新型体内葡萄糖监测系统，这种非侵入式的血糖监测系统，只需贴在手腕上，无需采血就能监测血糖。血糖监测功能通过腕贴血糖监测系统内置的一系列微型传感器实现，其中，每一个传感器在微小电流作用下，能对应从单个毛囊附近吸取葡萄糖，储存在腕贴内的微型装置里，并进行测量。

据研究人员介绍，这一腕贴血糖监测系统的原材料中最重要的是石墨烯，它具备导电、柔软、环保等多种特性。这项研究成果对于开发针对糖尿病患者等的非侵入式血糖监测具有重要价值。研究还发现，该系统能连续 6 小时监测人体内血糖浓度。

CRISPR+ 石墨烯 ·······················

CRISPR 是什么？

CRISPR 是一项基因编辑技术。病毒能把自己的基因整合到细菌，利用细菌来复制自己的基因。而细菌为了将病毒的入侵基因清除，进化出 CRISPR 系统。利用这个系统，细菌可以不动声色地把病毒基因从自己的染色体上切

>>

除。今天，科学家已经掌握了细菌的这种功能。

最近，美国科学家开发出一种新技术，将 CRISPR 与石墨烯相结合，造出了一种生物传感器——CRISPR-Chip，它能在短时间内检测出基因突变。

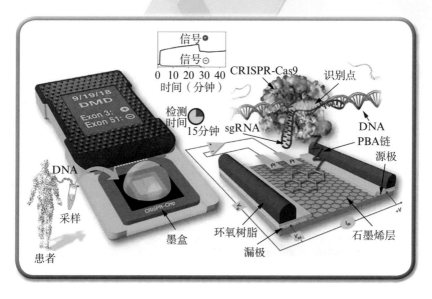

由于石墨烯在单个原子的尺度上，仍然能稳定地工作，科学家研制出了最小的晶体管，尺寸仅 1 个原子厚，10 个原子宽。再加上，石墨烯中的电子对外场的反应速度超快这一特点，使得由它制成的晶体管可以达到极高的工作频率。

与大多数基因检测相比，用 CRISPR-Chip 进行基因突变检测更简便快捷，甚至可以在医生办公室或野外工作环境中进行，无需将样品送到实验室。使用时，只需将提取的 DNA 样品放在芯片上，快速搜索后，石墨烯晶体管就可以在几分钟内报告搜索结果。

原来，在石墨烯晶体管上，覆盖有数千个核酸内切酶分子。由于石墨烯晶体管对 DNA 等带电材料敏感，如果核酸内切酶分子未能检测到样品中的靶基因，则石墨烯晶体管不会结合 DNA 而将其释放。然而当核酸内切酶检测到可匹配的 DNA 序列时，目标序列的结合将在石墨烯表面上产生额外电荷，并由 CRISPR-Chip 感知检测，发出电信号。

由于医生能在几分钟内检测出不同的基因突变，如此一来，医生很快就能为患者制定出治疗方案。

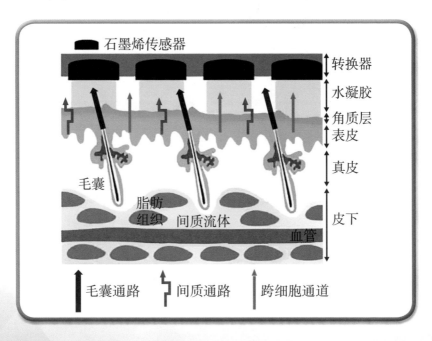

远红外的医学效应 ·······················

近年来，石墨烯及其衍生物在生物医学，包括生物元件、生物检测、疾病诊断、肿瘤治疗、生物成像和药物输送系统等的广泛应用前景，使其成为纳米生物医学领域的研究热点。石墨烯还具有诸多引人瞩目的光学属性，它能吸收和辐射高达 40% 的远红外线。

人体也是一个天然的红外线辐射源，其辐射频带很宽，无论肤色如何，活体皮肤的发射率为 98%，其中 3~50 微米波段的远红外线的辐射约占人体辐射量的 46%。人体同时又是良好的远红外线吸收体，其吸收波段以 3~15 微米为主，刚好是在远红外线的作用波段。

人体远红外线的吸收机制是通过人体组织的细胞分子中的碳 - 碳键、碳 - 氢键、氧 - 氢键等的伸缩振动（其谐振波大部分在 3~15 微米，和远红外线的波长和振幅相同）引起共振共鸣。石墨烯加热发射的 6~14 微米远红外光波，能有激活身体细胞核酸蛋白质等生物分子等功能。

远红外线可以改善血液循环，扩张微血管，促进血液

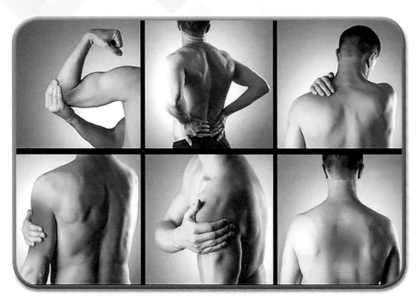

循环，调节血压；还能缓解关节疼痛，调节自律神经，改善头痛症状。此外，远红外线可以提高免疫功能，增强生物体的新陈代谢。

第 6 章

防护专家

▶▶▶ 石墨烯用于手机散热，手机就不会发烫；加入衣服中，可制成防弹衣；涂在飞机上，能使飞机隐身，躲避雷达的探测；还能防锈和保护高压电线……石墨烯真是身手不凡的"防护专家"啊！

手机不烫手了 ·······························

一到夏天，手机、平板电脑等数码产品就成了令人又爱又恨的宝贝——其性能会随着温度的上升而迅速下降。

近年来，具有高导热系数的石墨烯散热膜，已经占据了电子器件散热的市场。自从石墨烯的神奇功能被发现后，人们就开始用石墨烯制作散热膜了。

原来，用石墨烯做成的散热表面，其散热效果远超过碳纳米管、金属纳米粒子和其他材料。这主要得益于石墨烯界面材料的几何结构、机械弹性和低界面热阻。

首先，石墨烯散热膜具有比其他导热膜更快速转移热量的能力。

其次，石墨烯散热膜外观与锡箔纸相似，具有极佳的柔韧性，可任意折叠，可用剪刀剪成任意形状。

此外，石墨烯薄膜厚度可控制在 25 微米左右甚至更薄，相当于普通 A4 纸厚度的 1/3，更适宜高功率微纳电子器件的散热。科学研究显示，该产品相较于常用的铜散热材料将提升 4~6 倍的散热效果，并具有良好的可加工性。

最近，瑞典科学家研究出了首例硅基电子设备石墨烯散热膜，可以将信息处理器内发热区的工作温度有效降低 25%，从而极大地延长了电脑和手机等电子设备的使用寿命。

无惧子弹的防弹衣

几年前，西班牙《阿贝赛报》曾报道，石墨烯这一神奇的材料可以制成比钢还坚硬、能阻挡住子弹的防弹衣。

中国科学家利用细小的管状石墨烯，构成一个拥有与钻石同等稳定性的蜂窝状结构，创造出了一种泡沫状材料。这种材料不但非常轻，而且还能抵抗极强的冲击力。据了解，这种材料的强度比同重量的钢材要大 207 倍，而且还能以极高的效率导热和导电。

这种材料能够承受更大的冲击力，或将能用在未来的防弹衣和坦克表面作为防弹层使用。

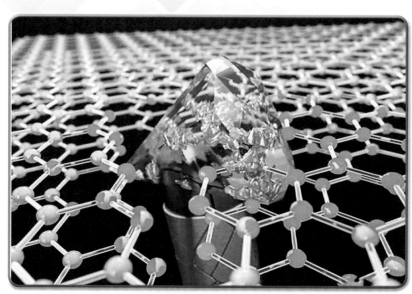

　　神奇的是，这种新材料能支撑起相当于其自身重量 40 万倍的物体，而不发生弯曲。这种石墨烯泡沫可以承受力度超过每平方英寸（约 6.45 平方厘米）1.45 万磅（约 0.65 万千克）的外力重击，这几乎相当于深达 10924 米的世界最深海沟——马里亚纳海沟所承受的巨大压力。

　　值得一提的是，这种材料还可以被挤压成其原始体积的 5% 大小，且依然能够恢复原来的形态，即便重复 1000 次，依然完好无损。因而，这种新材料耐高压耐冲击的超硬特性意味着它在未来的研发过程中，或许可以用在防弹衣的内部和坦克的表面作为缓冲垫，以吸收来自射弹（如子弹、炮弹、火箭弹等）的冲击力。

在美国科学家的模拟实验中，仅 10~100 纳米厚的石墨烯，就能够抵御相当于 AK47 射出子弹速度的冲击力，这就意味着，若"石墨烯防弹衣"能够制成，抵御普通子弹的冲击力将是小菜一碟。

 遁形隐身有术 ••••••••••••••••••••

隐形战机的新一代隐身材料"石墨烯吸波条"问世了。石墨烯是一种非常特别的材料，其强度高，导电导热性能好，并且非常稳定。它是目前已知能最大强度吸收电磁波信号的材料。

雷达是通过发射电磁波来测定目标位置的，电磁波在接触到飞行器后又反射回雷达。而雷达只有接收到电磁波以后，才能锁定飞机的位置。

而石墨烯材料，能将电磁波大量吸收和散射，而不反射雷达波，这就极大地干扰了雷达的探测功能。此外，由于石墨烯的导热性非常强，可以快速将热量传递给其他物质，以保持石墨烯的温度稳定，这样就能让战斗机飞行时产生的热量，被快速传递到空气中，让战斗机的红外特征降低，难以被红外探测设备搜寻锁定。

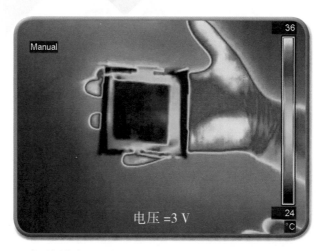

电压 =3 V

这些高科技如果应用到战斗机的制造材料上，必定会大大提高战斗机的作战水平。

石墨烯既是最薄的材料，也是最强韧的材料，断裂强度比最好的钢材还要高 200 倍，同时它又有很好的弹性，拉伸幅度能达到自身尺寸的20%。这种目前自然界最薄、强度最高的材料，运用到飞机上，将大大提高飞机的各种性能。

为高压输电保驾护航

我国沿海地区化工厂数量多，空气中含硫废气浓度大，且盐雾腐蚀严重，导致沿海输电杆塔受腐蚀的速度，

>>

较内陆地区快 3~5 倍，不仅增加了维护成本，还加剧了电网运行风险，而石墨烯防腐涂料则可以解决这个问题。

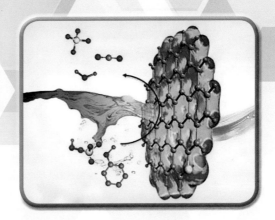

目前，我国主要的重防腐涂料是富锌底漆，不但防护寿命短，而且大量使用锌，不仅浪费资源，也与环保理念相悖。

石墨烯的理论厚度只有 0.34 纳米，对水、氧气、钠离子等几乎都能进行阻隔，在不提高防腐涂料厚度的情况下，能大幅延长防腐寿命，形成长效防腐。

石墨烯涂料除了具有抗酸碱腐蚀外，还具有抗覆冰雪的功能。我国南部省份冬天常会发生低温雨雪冰冻灾害，致使高压输电线路出现不同程度的结冰、覆冰，影响输电安全。因此，非常需要新型的抗覆冰的涂料，如果将超疏水涂层防覆冰技术"嫁接"到电力铁塔甚至输电线路上，水便不能在其表面上铺展开，只能形成水珠状，就像荷叶上的露珠，极易滚落。这样一来，电线上的覆冰就非常少了。

不仅如此，基于石墨烯疏水涂层做基底，冰雪的附着力是很弱的，稍微有一些风吹、抖动，就在重力的作用下掉下来了，起到保护输电杆塔的作用。

石墨烯防护激光 ·····················

激光武器以其高速、重复打击、目标杀伤精准、破坏程度可控、抗电磁干扰以及操作成本经济等特点，在未来战争、反恐、安保、救援中，具有独特而重要的战略战术价值。

当激光强度达到 2 微焦时，将损坏 50% 的人眼视网膜；10 微焦的激光则导致视网膜永久性损害。

在 1982 年的英阿马岛战争中，英国军舰就曾用激光眩目镜对付阿根廷战机，有 3 名阿根廷飞行员，由于受到激光照射，视线模糊不清，致使飞机失控，坠入海中。

高功率激光武器通过对目标物进行热作用破坏、力学破坏（造成目标物体变形破裂）、辐射破坏（激光攻击物体导致被气化的物质产生能；射出 X 射线和紫外线的等离子体云），从而对目标物造成进一步损伤，能在极短的时间内有效地摧毁飞行器、导弹、坦克、舰船等军事目标。

强激光武器对战斗机和无人机进行攻击时，目标一旦被锁定，则难逃被击落的命运。例如在 2014 年 5 月，美国公布了一段用舰载区域防卫激光武器对 1.6 千米外的一艘橡皮艇进行照射攻击并将其一侧艇身彻底烧毁的视频。

激光武器这么厉害，有没有防护它的手段呢？

今天，科学家将眼光转向了石墨烯。

这是因为石墨烯具有超快的非线性光学响应速度。在超短脉冲激发下，其能带内热平衡弛豫时间约 100 飞秒，带间跃迁弛豫时间约几个皮秒，对位于紫外 – 可见红外区域的任何频率的光子，都具有共振的光学响应。这些特有的光学属性，让石墨烯在激光防护领域具有巨大的潜力。现在，基于石墨烯的一系列复合非线性光学功能材料，已经被科学家开发出来。

石墨烯防护衣

石墨烯纺织品是指石墨烯材料与普通纺织品有效结合，在保持纺织品各项基本性能的同时，具有石墨烯某种或几种独特性质的纺织产品。由于石墨烯纺织品在导电、防辐射、防紫外、抗菌、特殊防护和智能织物等领域有巨大的应用前景，未来它将全新地改变我们的生活。

导电织物　石墨烯是目前电阻率最小的材料，将石墨烯与织物结合，可制备优异的抗静电、电磁屏蔽或者导电织物，可以应用于特殊行业，如将石墨烯与化纤共混纺丝，有可能制备出具有优异抗静电性能的采矿职业服面料。

亲肤织物 石墨烯具有优异的抗菌性能、低温远红外功能，将石墨烯整理到织物上，即可制备抗菌织物，相对于传统的无机、有机抗菌剂，石墨烯基本没有细胞毒性，更适合与人体皮肤直接接触，具有亲肤养肤的作用。

用石墨烯加入纺织纤维中，能研发出抑菌衣服、养体内衣、助眠枕、发热护具等系列健康产品。未来，石墨烯纺织衣将走进千家万户，惠及大众民生。

智能窗帘

窗帘的作用主要是遮阳隔热、调节室内光线。窗帘遇到石墨烯，就会变得有"智能"似的，可以"聪明"地调节透光率，以满足主人对光线不同强度的需求。

石墨烯应用在窗帘上，能通过控制电压，改变窗帘的透光率，自由地改变室内的透光强度。

智能窗帘由两层石墨烯组成，中间还设置有液晶，控制单元通过控制两层石墨烯之间的电压就能改变其透光率。此外，石墨烯的外表面设有保护层，可以有效地避免窗帘脏污。

室内还有用于采集室内环境参数的采集单元，而且这种采集单元和控制单元是相互连接的。

采集单元包括温度采集模块和光照强度采集模块，通过采集室内外的环境参数，自动控制窗帘的透光率，使室内始终保持在一个合理的透光环境下。采集单元还包括空气质量采集模块，当室内空气质量较差时，智能窗帘会自动提高透光率，让阳光中的大量紫外线进入室内，有助于对室内杀菌消毒，改善环境。

控制单元，包括控制器和用于将采集单元采集的环境数据与预设的阈值进行比较的比较器。控制器根据比较器的输出结果对透光率进行自动控制。当室内温度或光照强度过高时，控制单元会自动控制电压，降低窗帘的透光率。

第 7 章
神奇的"侦察兵"

▶▶▶ 石墨烯拥有了很多物质所没有的物理化学性质，可担当神奇的"侦察兵"，既能监测空气的质量，也能作为生物传感器，用于血糖、肿瘤基因等的检测，更奇妙的是，还能知道植物是不是"渴"了。

监测空气质量 ·······························

随着装修材料和家具造成的空气污染引起的健康问题与日俱增，人们越来越关注自己居住环境中的空气质量。第一时间感知并呈现空气质量信息就显得尤为重要。

谁来担此重任呢？石墨烯传感器当仁不让。

石墨烯具有大的比表面积，可以吸附气体、多种有机或无机分子。利用石墨烯的吸附特性和导电性，科学家发明了一种石墨烯传感器。

这种传感器通电后，单个的二氧化碳分子会一个一个吸附到石墨烯材料上；在特定条件下，这些气体分子又会从石墨烯表面释放出来。

在二氧化碳分子的吸附和释放过程中，石墨烯的电阻会以"量子化"波动的形式被检测到，这种波动可以转化测算为二氧化碳浓度。石墨烯传感器可以实现分子水平的检测目的，只花几分钟就检测到了。

这种传感器除了可以感知来自建筑、家具用品的二氧化碳分子，还可以感知挥发性有机化合物气体分子。

百变传感器 ·····························

孩子们都喜欢玩橡皮泥，殊不知它也能成为高新科技的载体。科研人员在橡皮泥中加入石墨烯薄片，制作成了一种高敏感传感器 G-putty。

他们将 G-putty 与电机和计算机相连，通过测量装置的电阻，感知环境变化。这个简单装置的灵敏度约为市场中最便宜的金属传感器的 250 倍。将 G-putty 贴在了人体的颈动脉皮肤、胸部及脖颈等位置，可以准确测量出呼吸、心率及血压等指标。G-putty 还可以检测到小如一只蜘蛛爬过时产生的轻微冲击和变形。

石墨烯作为生物传感器，可用于血糖、肿瘤基因等的检测。石墨烯对酶、抗体、核酸、细胞等生物活性物质有很强的吸引力。石墨烯吸引葡萄糖氧化酶，可以做成葡萄糖酶传感器，检测葡萄糖水平，有成为简易血糖仪的潜力；吸引抗体分子，可以作为免疫传感器；石墨烯吸引 DNA 分子，可以做成基因传感器。

石墨烯可应用在生物传感器上检测癌细胞破坏正常细胞时释放的物质，可以实现癌症细胞的检测。这种传感器的灵敏度比现在使用的传感器高 5 倍，可以在数分钟内得出测试结果，这为快速即时检测提供了可能。石墨烯传感器生产成本低、响应快、检测能力强，高灵敏，尽管目前尚处在实验室阶段，但已展现了"百变"应用方向。

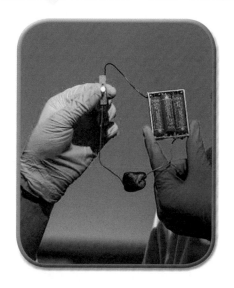

石墨烯相机

　　石墨烯相机拥有高于传统相机 1000 倍的感光能力，能展现拥有完美像素的晚上摄影美图。
　　科学家又研制了一种更新的相机，在里面加入了石墨烯传感器。可用来分辨图片中的色彩，同时人们也能拍摄出大容量、分辨率更高的视频。

植物"渴了"吗 ·······················

　　植物的生长离不开水，但不同的植物对于水分的需求也是不同的。那么，如何才能有效地掌握这个度呢？

　　这往往需要他人的传授或者积累的经验。不过，来自美国爱荷华州立大学的科研专家找到了全新的方法，利用石墨烯制成的条状湿度传感器，附着在叶片上就能知道需要多少水分。

　　科研人员首先在塑料块表面创建一排特定带有图案的凹口，然后将含有石墨烯的液态溶液填充到凹口中。在溶液干后再放置一层胶带贴在叶片上。这种处理方式非常简单，而且制作成本也很低廉。

科研团队通过检测这些条状胶带的导电性就能测量植物叶片所需要的水分，如果导电性越强，代表需要的水分多。目前这项技术已经在谷物类植物上成功测试。

听见大脑"窃窃私语"

用石墨烯制成的传感器非但能了解植物是否"口渴"了，也能听见大脑的"窃窃私语"。

原来，科学家开发出了一种传感器，能以极低的频率记录大脑活动，并可能为癫痫带来新的治疗方法。由石墨烯制成的植入物能在极低频率和大面积区域，记录大脑中的电活动。

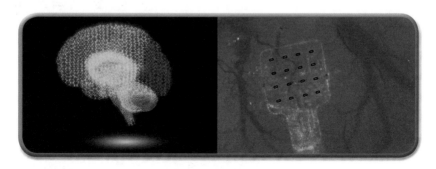

几十年来，研究人员一直在使用电极阵列来记录大脑的电活动，绘制不同大脑区域的活动，以了解大脑的

情况。然而，到目前为止，这些阵列仅能够检测特定频率阈值以上的活动。石墨烯克服了这一技术限制，解锁了0.1 赫兹以下的大量信息，同时为未来的脑机接口铺平了道路。

使用石墨烯构建这种新结构，意味着所得到的植入物可以支持比标准电极阵列更多的记录位置。它纤细且足够灵活，可以在皮质上大面积地使用，而不会被拒绝或干扰正常的大脑功能。对于神经病学家来说，这意味着终于可以"听见"大脑的"窃窃私语"。

与普通的电极相比，这种石墨烯的晶体管技术将增加在大脑中记录位点的数量，从而引领新一代脑机接口的发展。为大脑科学研究带来更广阔的前景。

智能文身

中国科学家发明了一种石墨烯电子文身。这种电子文身具有极高的灵敏度，可直接贴附于皮肤或其他衬底上，用于探测来自心脏、肌肉和大脑的电信号，以及皮肤的温度和湿度。这种新型传感器的测量精度与体积庞大的传统医疗设备相同，甚至更高。未来，这种智能文身有望在运动、生物医疗等领域"大展拳脚"。

在过去，如果医生想诊断心脏病，患者就需要 24 小时佩戴体积较大的心电图监测设备进行监测。能不能在保证准确度的情况下开发出体积更小的监控设备呢？

科学家将目光移到了石墨烯上。

由于石墨烯天生拥有出色的导电性和柔韧性，而且这种单原子厚度的二维材料还有一个重要特性——透明性，当它贴附在皮肤上时，还会顺着皮肤表面的高低起伏发生形状变化。用石墨烯制成的电子文身，能通过电阻变化对皮肤表面的微小形状变化等进行监测。

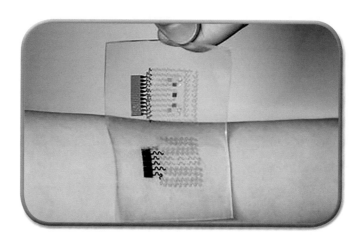

在验证实验中，研究人员使用石墨烯文身进行了 5 种测量，并与常规传感器测出的结果进行比较。

石墨烯电极可以读取下皮组织中电活动变化引起的电

阻变化。佩戴在胸部时，石墨烯传感器可以检测到传统心电图设备不可见的微弱波动。此外，应用于脑电图和肌电图的传感器精度也十分高。这种文身还可以监测皮肤温度和湿度的变化，许多化妆品公司对此十分感兴趣。

研究人员将为这种文身添加信号传输系统，以实现设备和手机或计算机之间的数据传输。今后，人们通过智能文身能随时随地了解自己的身体状况。

 可食用的传感器 ·········

春节期间，饺子是一道必不可少的食物，想不想尝试一下有石墨烯图案的饺子？美国和以色列研究人员开发了一种可食用的传感器。

在一片面包片上，一只黑色的小猫头鹰憨态可掬，画出图案的"墨水"正是石墨烯。这是美国赖斯大学等机构的科研人员利用

"激光诱导石墨烯"技术完成的作品。值得一提的是，这并非科学家用另外的石墨烯"墨水"作画，而是直接以激光在食物表面"烧"出了石墨烯图案。

石墨烯是由碳组成的，因此任何拥有合适碳成分的物质都可以被转化为石墨烯。研究人员利用激光技术将物体表面加热，将其转化为石墨烯泡沫。激光诱导石墨烯技术可在纸张、布料、食物等多种物体表面烧出石墨烯图案。

研究人员介绍，在多数情况下，这种多重激光导致了两步反应：首先，激光将目标表面转化成为无定形碳；随后，当激光再次穿入时，对红外线的选择性吸收将无定形碳转化为石墨烯。

由于石墨烯良好的导电性，可以通过此技术在食物表面添加射频识别码，帮助消费者了解食物的产地、生产日期和运输渠道等信息。激光诱导石墨烯技术还可在食物表面制作出可食用的生物传感器，监测食物中的大肠杆菌和其他潜在微生物。

第 8 章
帮助运动员斩金夺银

▶▶▶ 石墨烯还能帮助运动员斩金夺银呢！用石墨烯制成的自行车，运动员骑行得更快更安全；长跑运动员穿上石墨烯运动鞋，跑起来更轻便、快捷；游泳选手穿上石墨烯泳衣，在泳池中劈波斩浪，快速前进……

自行车的"革命"........................

石墨烯，既是最薄也是最强韧的二维材料，断裂强度比钢高 200 倍。同时它的弹性又是钢的 6 倍，拉伸幅度能达到自身尺寸的 20%。它是目前自然界最薄、强度最高的材料，如果用一块面积 1 平方米的石墨烯做成吊床，本身重量不足 1 毫克便可以承受 1 千克的重量。因而，采用石墨烯制造自行车的车架和轮胎，已经有了革命性的飞跃。

英国制造出了世界上第一个含有石墨烯的自行车车架，车架的框重仅有 750 克。未来，随着在车架中使用更多的石墨烯，其重量将降低至 500 克。然而，该框架并不完全由石墨烯制造，该框架由石墨烯材料 (仅包含 1%) 和环氧树脂混合在一起之后，再在外层加上碳纤维层制成。

研究人员采用石墨烯材质，研发出特殊的配方，使轮胎具备智能特性，依据骑行方式的不同，石墨烯特殊配方使胎面变得较硬或较软。从而提升轮胎的速度、抓地力、抗刺穿性及耐用性。

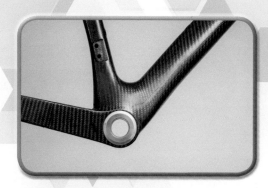

直线行进时，具有石墨烯配方分子的轮胎橡胶会变得较硬以降低滚阻，而在过弯、刹车、发力时轮胎橡胶会变得较软以增强抓地力。

还可以作为全天候轮胎来使用。在加入石墨烯配方后，外胎的抗磨损能力更强，也意味着对内胎的保护性也越强，以减少爆胎几率。

石墨烯可以优化碳纤维的特性，使用了石墨烯的轮胎提高了 10% 以上的散热性、减少 15% 以上的重量、提升 18% 以上的抗冲击能力等。

  石墨烯运动鞋

英国著名越野品牌 inov-8 和曼彻斯特大学合作开发出了世界上第一双用石墨烯制成的运动鞋。经测试，用这种

鞋底做成的运动鞋在 1000 英里（约 1609 千米）行程中表现出较好的耐磨性，比普通跑鞋的耐磨性高出 1.5 倍。

石墨烯是地球上最薄的材料，它的强度是钢的 200 倍，是一种超轻量材料。inov-8 公司推出的 G 系列，将是世界上首次使用石墨烯的运动鞋品牌。

之前，越野跑者和健身运动员必须在软橡胶和硬橡胶之间做出妥协，软橡胶在潮湿或出汗的情况穿着舒服，但磨损得很快，选择硬橡胶比较耐用，但抓地力较差。

通过掺入石墨烯，推出了 G 系列的橡胶外底。经科学测试，它的强度增加了 50%，弹性增加了 50%，耐磨性也增加了 50%。

G 系列由三种不同的鞋组成，其一是为在泥泞的山路和障碍球场上奔跑设计的，其二是为在坚硬的赛道上长距离奔跑设计的，其三是为在健身房锻炼设计的。每一种都用到了石墨增强的橡胶外底和凯夫拉纤维。

 运动服助你夺金 ••••••••••••••••••••

意大利一家公司制成了世界上第一款采用石墨烯和纳米技术的运动服装。这种运动服装与传统运动服相比，最大的优点在于，它可以成为人体和外部环境的过滤器，确保穿着者能保持理想的温度。

此外，该运动服还能有效降低空气和水的阻力，提高运动灵活性，从而大大提高运动员的速度。未来，游泳运动员将穿着这种面料制成的泳衣，在碧波中如海豚一般飞速前进。

石墨烯具有良好的导热性，其电热转换效能可高达99%，与其他材料相比有绝对的优势。依据这一特点，科学家研发出石墨烯智能服，将适用于老人、户外运动人员、特殊工种、特殊兵种等。

他们把石墨烯嵌入纤维结构，捻线织成的布可支持3.7伏的安全电压，并可根据情况通过 APP 控制升温速度及温度，使穿着的人感到非常温暖、舒适。

　　科学家还研发了石墨烯纺织物传感器，是直接附在衣物布料上，结合一定的智能穿戴硬件，可以对人体数据进行采集、挖掘，并通过数据对人体健康进行检测，即时监控运动员的运动数据，使运动员更好地了解自己的运动状况和身体反应。

 石墨烯 + 蜘蛛丝 = ？ ....

　　石墨烯是世界上最坚韧的材料之一，而蜘蛛的蛛丝是由动物制造的非常坚韧的物质之一，如果两者结合在一起会怎样呢？

意大利科学家成功地将蛛丝的强度提升了 3 倍，韧性提升了 10 倍。该研究为一种新型的蛛丝复合材料在多个领域的应用铺平了道路。

蛛丝是蜘蛛赖以为生的"法宝"，它借助蛛丝捕捉猎物、储存食物和繁殖后代。蛛丝由蜘蛛腹部的丝腺分泌并形成。丝腺分泌一种胶状丝浆，而丝浆则在喷丝口与蛋白融合反应，形成蛛丝。

由于蜘蛛丝在力学强度上，与目前人工材料中强度最高的碳纤维及凯夫拉等比较接近，因此，蜘蛛丝纤维在国防军事、建筑等领域具有广阔的应用前景。

意大利科学家皮诺一直专注于研究如何造出强度更高的材料。一天，皮诺脑洞大开，他想：能否将石墨烯加入蜘蛛丝中去呢？这会出现什么样的情况？

于是，他开始给一些蜘蛛喂食石墨烯或碳纳米管的分散液。过了一段时间后，又收集了蜘蛛吐出的蜘蛛丝。

皮诺和他的团队测试了其拉伸强度和韧性，结果发现，比普通蜘蛛产出的蛛丝有了很大的提高。这种超强蜘蛛丝的强度上限是迄今为止最高的，可为什么会如此坚韧，依然是一个谜。

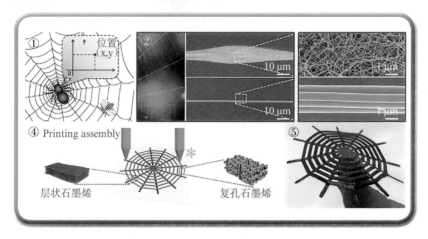

科学家认为，未来这种蜘蛛丝可以用于制造透明导电材料、生物医学传感器，甚至超轻、超硬度的飞行器。这种材料制造方法可以延伸至其他动植物，有望未来产生一种新的超级仿生材料，或许未来，这种超强材料还能捕获空中坠落的飞机。

此外，运用这些蜘蛛丝可以生产出具有高韧性的材料，譬如，可以生产出强度很高的降落伞，也可以制造出异常坚韧的攀登绳索和攀登服等。运动员携带或穿上它们，就能在比赛中创造出超优异的成绩。

第9章

恶劣环境显身手

▶▶▶ 神奇材料石墨烯在恶劣环境中，更能显示出它的高超本领：在干旱的沙漠里能捕获水分，在严寒的环境中保护飞机机翼不受冻伤，未来甚至还有可能制造出通往太空的电梯。

水，是生命之源，在气候干旱的地区如何获得足够的淡水，关系到农业生产和人类生存等重大问题。

我们常常看到，在昼夜温差比较大的春秋两季节的早晨，蜘蛛网上挂满了水珠。受这一现象的启发，20世纪90年代有人发明了模拟蜘蛛网取水的装置。

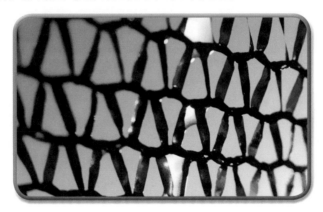

从空气中取水的基本原理是编织一张超大的网，让空气中的细小水珠遇到网线后，凝聚成大水珠而被收集。

德国科学家雷比·盖尔为生活在沙漠中的人找到一个取之不尽的"天然水库"。他用一个大平面的聚合物类材料，铺设在沙漠里。夜间，这种材料能从空气中吸收水分，白天受热后释放出水来。1立方米大小的装置一昼夜可生产 1000 升的水。

　　科学家想到，是否能用石墨烯来制造这样的网呢？

　　利用石墨烯独特的二维结构，可以大量负载这种金属骨架化合物，使其成为与水蒸气接触更加充分的片状结构。吸附水以后，可以结合太阳能电池给石墨烯供电后给复合材料加热，减压条件下，水变成水蒸气，冷凝后水便被收集，而且材料也得到了再生。

　　简单地说，利用石墨烯二维结构，来负载吸附能力好的化合物。这样制造出的复合材料更加轻盈、吸附能力更强、吸附速度更快，而且吸附饱和后，可利用石墨烯导电且电导率可调的特点，通过电加热的方法能快速地释放所吸附到的水。

"天梯之梦" ·····························

  人们在探索世界的时候，对天空的着迷从来都没有停止过。从古代观星看月，到飞机热气球。每一步都向天空更近一点。在科技的进步下，火箭和航空飞机一直到载人航天的出现。每一次技术的进步都给人类前往太空带来了巨大的希望。

  然而这美好前景的现状却困难重重，每一次的探索都伴随着巨额的成本。人们渴望着一种廉价优雅地前往太空的出行方式，太空电梯是一个非常好的选择。美国材料科学预测，20年后，将会有强度足够高的复合材料出现，来实现这个梦想。

>>

太空电梯这个想法已经出现了一个多世纪了，它的基本想法很简单，就是在赤道位置由一根很长的绳子联通到太空中，绳子下端固定在地面上，人们可以使用这个绳子作为电梯上下运动的轨道。这样，就会有一种轻松、可循环的一种进入太空的方式了。

这个极具科幻性的项目在实际实施过程中要考虑很多问题，包括电梯怎么快速上升？怎么才能把这样有强度的材料提升到太空中？但其中最核心的问题是，什么材料才能做电梯的绳索？

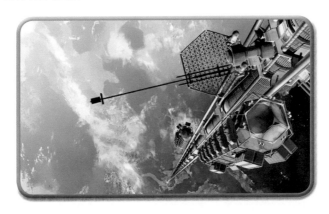

在目前的所有设计中，就算把绳子形状设计得极为合理，一旦拉长到10万千米长度时，现有的所有纤维，包括钢丝、芳纶、碳纤维都会被自身的重量拉断。就算是我们能做出的性能最好的碳纳米管也是一样。

碳纳米管大约在20年前被发现，碳纳米管是单层碳形成的圆筒状结构。这个碳纳米管在微观状态下的强度超过了所有的线状材料，但是其宏观性质非常尴尬，我们能做出的最长的碳纳米管也只有从地面到儿童的膝盖高度，更不要说要做到10万千米远的太空了。

今天，石墨烯的发现为科技界提供了新的思路。不过，由于石墨烯是二维的晶体，你可以把石墨烯想象成一张巨大的纸，它的强度是足够了，可是只能弯弯扭扭地飘在太空中，而无法让人类乘坐其内部的电梯来"上天"。

石墨烯的出现只是为太空电梯提供足够强度的材料，而要真正地实现这一梦想，还路途遥远。

 环保高效的防冻材料 ∙∙∙∙∙∙∙∙∙∙∙∙∙∙

美国莱斯大学的科学家将注入了石墨烯纳米带的环氧树脂嵌入直升机的旋翼上，通过加热测试其除冰能力。这种石墨烯复合材料可以为飞机机翼、风力涡轮机、输电线路等除冰防冻。

在−20℃环境下，研究小组熔化了直升机旋翼桨叶上几厘米厚的冰。在施加很小的电压后，涂层将电热能传递到桨叶的表面，融化了上面凝结的冰。

防冰涂层可以分散涂覆在只有原子般厚薄的石墨烯纳米带表面上，由于石墨烯是导体，所以材料能通过电流来加热以融化冰雪。

这种材料可以通过喷涂的方式涂覆，因而，具有更广泛的适用性，如可用于飞机、电力线、雷达罩和船舶的防冰。

研究人员发现，石墨烯纳米带可以在比传统压电材料小得多的压力下实现导电。该纳米带涂层还能用于雷达罩甚至玻璃上，以防结冰，因为涂层在可见光下是透明的。

在机翼上应用这种材料既能节省时间和金钱，又不会污染环境，而目前在机场用于除冰的乙二醇基化学试剂会污染环境。这种涂层还可以保护飞机免受雷击，并提供额外的电磁屏蔽层。

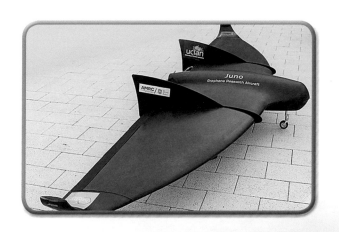

石墨烯蒙皮无人机

近日，英国中央兰开夏大学研制出了用石墨烯强化碳纤维蒙皮的无人机——Juno。

科学家发现，将石墨烯纳米颗粒注入预浸复合材料中，可提升材料的抗冲击性能及冲击后压缩强度，降低重量。

Juno无人机翼展3.5米，除了蒙皮，电池和3D打印部件也使用了石墨烯。无人机由于使用石墨烯材料，其重量明显减轻，能显著提高其航程和载荷。此外，由于采用了石墨烯做蒙皮，无人机还能防止雷击，其机翼也能防冰。

第 10 章
创造科技"奇迹"

▶▶▶ 自从石墨烯被发现以来，正创造着一个又一个的科学奇迹。科学家发现了能变形的石墨烯薄片，又制成了高灵敏度的石墨烯太赫兹探测器。近期，又发现可望实现室温下的超导。

能变形的石墨烯薄片 ·················

　　一张纸，浸上水，会胀开；晒干了，会缩水。若这一过程在几秒之间"快速"完成，那么这个纸巾就收放自如了。

　　这是一张石墨烯薄片。中国科学家发现，在光热刺激下，石墨烯薄片竟能像毛毛虫一样自主地行走与转向。这种基于折纸技术的石墨烯自折叠驱动装置，可在下一代智能穿戴装备中发挥重要作用，可用于变形衣、外骨骼装备和微型机器人等。

　　石墨烯折纸变形的灵感，源于中国古老的折纸艺术。研究人员利用简便的抽滤方法，将氧化石墨烯、PDA–氧化石墨烯的纳米片，组装成只有微米厚度的"石墨烯纸"，在温度或光源的控制下，通过纳米层之间的水分子吸附与脱附过程的控制，让石墨烯纸能在3秒之内，迅速折叠成预设的形状，如此反复就按一定方向贴地爬行。

　　大多数自折叠材料需要几分钟到几个小时来实现折叠，而现在只需要几秒钟；此外，大多数材料在折叠时都是一个连续过程，而现在的材料能选择性地折叠与展开。正因为这些特点，石墨烯折叠纸开启了一个完整的材料折纸世界，从智能弹簧到振翅机器等。

这类轻质并且具有柔性的二维材料，对环境的微弱变化非常敏感，由此可以"编辑"其形态，受控产生形态改变，这使得它们存在多种应用可能性。如在服装领域，可用于"变形衣"设计制作，实现服装在腕部、肘部等特定部位的收缩及展开；在军事领域，可以帮助解决士兵"外骨骼系统"机械部件自重过重的问题。此外，在微机器人、太阳能电池板等领域的应用前景也值得期待。

太赫兹探测"神器"

中国科学家制成了高灵敏度的石墨烯太赫兹探测器。说起太赫兹，我们先来了解一下这种高新技术到底有什么用处！

美国麻省理工学院的研究人员利用太赫兹技术，对一本合上的书的书页内容进行成像，无需打开书，就能阅读书中的内容。

太赫兹这种电磁波看透书本真可谓是小菜一碟，其实，它能够像X射线一样，可以穿透物体表面而成像。所以，英国萨塞克斯大学的物理学家团队采用单像素相机与

太赫兹波设计出一种技术，未来可以开发成检测爆炸物的机场扫描仪。

太赫兹的用途很广泛，除了上述两个用途外，在无线通信领域也有很大应用。譬如，高清电视、大数据、物联网以及社交媒体不断发展，都要求无线通信网络数据率不断提升。而太赫兹技术就能极大地促进网络数据率增长，其数据率可高达 100 Gbit/s。目前的无线数据通信系统，都在 100 Mbit/s 的平均速度下，所以太赫兹技术引起科学家们很大的兴趣。

此外，太赫兹还能用于射电天文学、医学、通信、无损检测、军事等多个领域。

什么是太赫兹波？

太赫兹波，是指频率范围在 0.1~10 THz 之间，介于微波和红外线之间的电磁波，这种电磁波对于人眼来说是不可见的。太赫兹波具有穿透性强、安全性高、定向性好等优势。

 倾听完美之音响 ••••••••••••••

近日，加拿大的欧拉音创业公司推出了一款石墨烯耳机，这款耳机使用的薄膜是用石墨烯制造的。

为了制造足够大、足够强的石墨烯薄片，研究人员将氧原子附着在小薄片上，然后将其他元素附着在氧原子上，将小薄片连接起来，紧紧粘在一起，形成科学家所说的"层状结构"。

该公司获得了一项专利技术，该技术可以让层状结构达到合适的厚度、变成合适的形

状，从而用作扬声器的薄膜。

耳机中的薄膜有 95% 的材料是石墨烯。用石墨烯制作薄膜有一些完美的特性。石墨烯超级坚硬、非常轻，能将两者结合起来相当罕见，石墨烯的阻尼系数很好。它可以减少假振。

正是因为有着如此多的优点，石墨烯制作耳机比其他材料如聚酯薄膜、纸、铝、铍更理想。石墨烯比较轻，而且导热性也很好，扬声器线圈会散发出热量，石墨烯也可以快速散热。

欧拉音的创始人盖斯凯尔先生说："我第一次听到这款耳机的音效，就被声音中清晰的细节感染了。我听的是一首拉丁美洲婆罗浮屠的民歌，每一个音节都非常清晰，整个人的感觉就像是从管弦乐队前面的领奖台走过！"

扭转"角度"可变超导体···········

从 2004 年石墨烯被发现以来，研究人员怀疑它有可能成为超导体。这意味着石墨烯可以让电子来回快速穿梭，而根本没有任何电阻。

但这只不过是幻想而已，而让人们看到希望的是，一位留美的 21 岁中国博士曹原，因为他的发现，有望实现石墨烯超导的重大突破！

2018 年 3 月 5 日，《自然》杂志在其网站连发两篇长文，内容是有关石墨烯超导的最新成果。更值得注意的是，这两篇文章的第一作者均为曹原。

曹原和他的导师开创性地发现，通过将两层自然状态下的二维石墨烯材料相堆叠，并控制两层间的扭曲角度，即可构建成为性能出色的零电阻超导体。下图为不同角度扭曲的双层石墨烯。

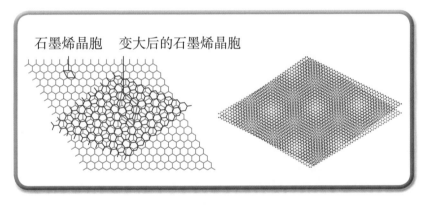

石墨烯晶胞　变大后的石墨烯晶胞

曹原等人发现，堆叠的双层石墨烯中，电学行为对原子排列非常敏感，影响层间的电子移动。这一研究中最为关键之处在于双层石墨烯材料的扭曲角度。当扭曲角度达到被称为"魔角"的 1.1° 时，石墨烯层中的电子能带结构不再对称，超导性质也随之显现。

魔角

将一层石墨烯叠在另一层石墨烯上会引发一系列效应。如果将双层石墨烯交错旋转至正确角度，双层石墨烯的电子间相互作用会导致新的电子特性。

简单结构

单层石墨烯的晶体结构可以描述为两个原子的简单重复——它的"晶胞"。

石墨烯晶胞

变大后的晶胞

可见干涉图案

旋转1.1°

超级晶格

通过旋转，双层石墨烯会形成更加复杂的重复结构——称为"超级晶格"，晶胞也会更大。电子可以在双层间移动。旋转至一定的"魔角"后，双层石墨烯似乎会出现普通石墨烯所不具备的行为，比如超导性。

研究人员发现，扭曲的双层石墨烯会产生两种全新的电子态。一种电子态是 Mott 绝缘体态，源于电子之间的强排斥作用。另一种是超导态，源于电子之间的强吸引作用而产生零电阻。

当旋转角度小到魔角时，扭曲的双层石墨烯中垂直的堆叠原子区域会形成窄电子能带，产生非导电的 Mott 绝缘态。在这种情况下，加入少量的电荷载流子，就能成功地转为超导态。

石墨烯材料作为一种非常规超导体，可能成为开发室温超导体的关键之处。室温超导体无疑给未来发展带来了新的憧憬，其不仅可应用于医疗设施、电网设备、电子产品等生活设施中，更在超级计算机、超级高铁等前沿科技中大展身手。毫不夸张地说，这项研究打开了非常规超导体研究的大门，或将引发一场超导材料领域的新革命。

 ## Mott 绝缘态

　　像 NiO、CoO、MnO 等过渡金属的氧化物，一个晶胞中具有奇数个价电子，按照能带理论应该具有良好的导电性，而实验表明它们却是透明的绝缘体。科学家认为，问题出在电子之间相互作用引起的关联效应。这种物理状态被称为 Mott 绝缘态。

模仿人脑"思考"的石墨烯突触 ····

美国匹兹堡大学的研究人员开发出一种石墨烯"人工突触"，能模仿人脑"思考"。

人脑是由许许多多神经元所组成的密集网络，每个神经元与上万个神经元相连，它们之间就是通过突触来传递信息的。

研究人员在碳原子的二维蜂窝结构中建立了石墨烯人工突触，发现石墨烯突触显示出优异的能量效率，就像生物突触一样。

目前该项研究正在火热进行中，计算机已经或多或少地能模仿人脑"思考"，但模拟一个神经突触需要很多数字设备。人类大脑有数以亿计的突触来传递信息，因此用有限的数字设备来模仿人脑思考似乎是不可能的。不过，这种石墨烯人工突触研制，为建立大规模的人工神经网络，提供了一条可能的途径。

开发具有模拟人脑功能的仿真脑，仍然还需大量技术突破。研究人员需要找到合适的构型来优化这些新的人工突触。

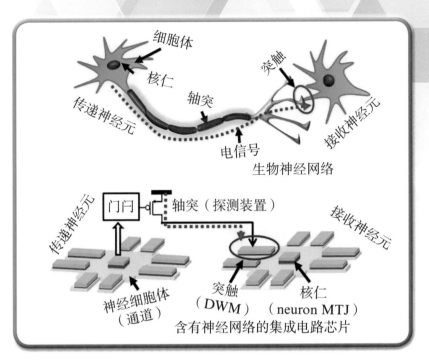

细胞体

核仁

突触

传递神经元

轴突

接收神经元

电信号

生物神经网络

传递神经元

门闩

轴突（探测装置）

接收神经元

神经细胞体（通道）

突触（DWM）

核仁（neuron MTJ）

含有神经网络的集成电路芯片

虽然目前还没有很大的突破，但研究方向是对的。未来，这项研究可能会创造出更为节能的神经计算硬件，因为刚刚研发出来的人工突触具有灵活、能耗低的特点，适合装在任何类型的人工智能上。

"绕指弯"的手机

科学家用石墨烯制成手机，比其他智能手机具有很多优势：将石墨烯用于触摸屏、电池和导热膜，该手机的触控性能、待机时间、导热性能都得以提高。

由于石墨烯具有很多优点，石墨烯手机的透光率比传统材料更高，所以显示屏非常清晰。另外，石墨烯的电阻率比传统材料电阻率更低，所以使手机显示屏的触控更加灵敏。

石墨烯手机可以弯曲成一个圆环，像手表一样戴在手腕上。据研发人员介绍，他们采用石墨烯材料制成手机屏幕，使其可以弯曲，将不能弯曲的电池等元器件放在两端。这款手机最大的特点就是可穿戴，可触控，可打电话和上网，是一款安卓系统的智能手机。

细胞大小的机器人 ·····················

近期，美国开发出细胞大小并能感知外部环境、储存数据，且能执行计算任务的微型机器人。

研究人员设计了一款名为"syncells（合成细胞）"的微观设备，可用来监测石油或天然气管道内的状况，或在血液中搜寻疾病。

这种新方法就是控制原子级薄脆材料的天然压裂过程，引导断裂线，使它们产生可预测尺寸和形状的微小口袋。这些口袋内嵌的电子电路和材料可以收集、记录和输出数据。

其实，这种方法的产生，是因为石墨烯神奇的特性帮了大忙！

石墨烯是已知强度最高的材料之一，同时还具有良好的韧性，且可以弯曲，令人不可思议的是，它又很脆弱。研究团队正是利用了它的"脆弱性"来发挥作用。

Syncells 系统采取了石墨烯的二维碳形式，就是用精密的喷墨打印机将一层材料铺设在含有电子装置的微小的聚合物点材料表面上，然后，在聚合物点顶部铺设第二层石墨烯。

当我们将石墨烯的顶层放置在圆柱形状的聚合物点阵

列上时，你会惊奇地发现，石墨烯断裂的裂缝围绕在圆柱的周围，而聚合物就被密封在内部。

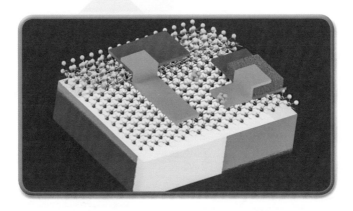

于是，一个能够收集记录储存数据的微型机器人就诞生啦！这样制造出来的微型机器人与人体红细胞的大小差不多，大约 10 微米。它们的外观和行为就像一个活的生物细胞，在显微镜下，大多数人会认为它就是一个细胞。

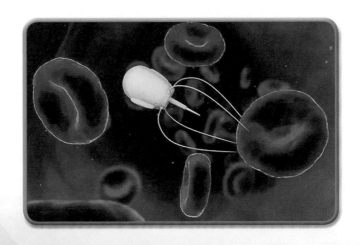

它可以作为独立的自由浮动设备。根据内部电子设备的性质，可以为设备提供移动检测各种化学品或其他参数以及存储器存储的能力，也可像普通的微型机器人一样，应用在工业或生物医学监测上。

能让人有痛觉的神奇假肢

一般，戴上假肢的残疾人肯定不会感到疼痛，然而，这一切都在悄悄地发生变化。

科幻巨片《星球大战》中卢克在与达斯维达的一次交锋中失去了右手，接上高科技假肢后，跟真手一样运用自如。今天，这一幕正逐渐成为现实。

为什么假肢能感觉到痛很重要？

如果想让假肢感受丝绸的柔滑，这很容易理解，但是，为什么一定要感觉到痛呢？

因为疼痛这种感觉能起到警示的作用："嘿，小心！"皮肤中的疼痛传感器能保护我们的身体免受高温或利器的伤害。同样，截肢者可以依靠对疼痛的感知、利用疼痛信号来保护假肢免受损坏。

假肢痛感要用哪些技术来实现？

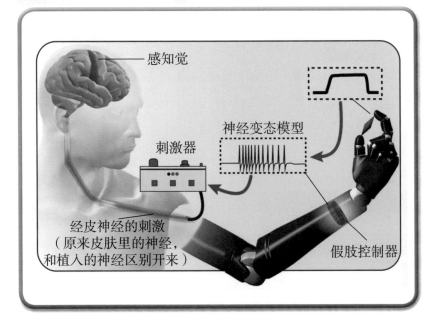

　　美国约翰霍普金斯大学的研究人员正在研发"e-dermis"系统，可以让假肢感知和传递疼痛感，也许在不久的将来，假肢可以跨越机器与人体的界线，为众多戴上假肢的患者带来福音。

　　真正的皮肤由多层受体组成，那些传感层以不同的方式对压力作出反应：一些对刺激作出快速反应，另一些反应则稍慢。

　　研究人员通过模仿疼痛在人体自然皮肤上的作用方式开发出来 e-dermis 系统。e-dermis 是一种电子皮肤，也有许多层。

>>

　　这种电子皮肤模拟皮肤内称为伤害感受器的神经细胞处理疼痛的方式，可通过机械感受器，将信号传递给大脑进行加工。要知道，当人们感到疼痛时，真正的疼痛感是由大脑产生的。

　　一名29岁男子在测试中，可以感觉得到一些疼痛的触觉。他说："我似乎又感觉到了自己的手，它现在充满了生命的活力。"

　　下图中木制假手上的每个指尖都装上了有弹性的触觉传感器，与它们连着的电线能将数据传往手掌中灵活的电子控制中心。

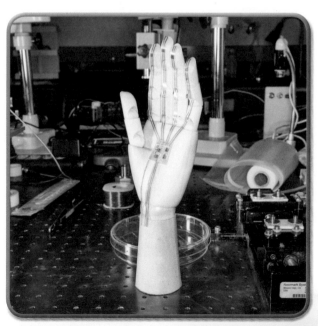

之后，研究人员又研制出了一种石墨烯电子皮肤，它可以让假肢产生触觉。这种新型的电子皮肤由单层石墨烯制成，与碳片组成具有延展性和韧性的结合材料，最后再与太阳能电池结合来实现导电和充电。

加入了这一层皮肤的假肢，有了细微的触觉。装上假肢后的测试者可以自如地控制抓取物体的力道，即使是易碎的鸡蛋也可以稳稳地拿起和放下。但如果没有这一层皮肤，就立刻失去了应有的按压反馈，最终导致抓取物品力道难以控制，而抓碎鸡蛋。